基于大数据的
计算软件设计与应用

管章岑　杨盛芳　姜峰　著

中国商业出版社

图书在版编目(CIP)数据

基于大数据的计算软件设计与应用 / 管章岑，杨盛芳，姜峰著. -- 北京 : 中国商业出版社，2022.6
ISBN 978-7-5208-2054-7

Ⅰ. ①基… Ⅱ. ①管… ②杨… ③姜… Ⅲ. ①科学计算程序 Ⅳ. ①TP319

中国版本图书馆CIP数据核字(2022)第088362号

责任编辑:林 海

中国商业出版社出版发行
(www.zgsycb.com 100053 北京广安门内报国寺1号)
总编室:010-63180647 编辑室:010-83125014
发行部:010-83120835/8286
新华书店经销
武汉新鸿业印务有限公司印刷
*
787毫米 ×1092毫米 16开 12.5印张 200千字
2022年6月第1版 2022年6月第1次印刷
定价:68.00元
* * * *
(如有印装质量问题可更换)

作者简介

AUTHOR

管章岑(1980.10-),女,汉族,山东烟台人,研究生学历,讲师,研究方向是计算机应用技术。毕业于武汉工程大学计算机应用技术专业,现任教于烟台工程职业技术学院。长期从事计算机应用技术专业的一线教育教学工作,近几年来申请实用新型专利三项,主持和参与课题研究多项,发表论文三篇。工作期间曾获得“先进工作者”“优秀教师”“优秀班主任”等多项荣誉称号。

杨盛芳(1983.07-),女,汉族,山东烟台人,研究生学历,讲师,研究方向是数字媒体应用技术。毕业于山东师范大学传播学院教育技术学专业,现任教于烟台工程职业技术学院。长期从事计算机应用技术、数字媒体技术方面的教育教学工作。近年来,带领学生多次参加全国类大赛,并多次获得国家一等奖、二等奖。工作期间获得“优秀教师”“先进工作者”等荣誉称号。

姜峰(1982.02-),男,汉族,山东海阳人,本科学历,工程师,研究方向是规划与地理信息系统。毕业于湖北工业大学信息与计算科学专业,现任职于烟台市规划设计院。长期从事计算机、规划与地理信息系统方面的设计和管理工作。工作期间主持设计、管理烟台市“规划一张图”综合信息管理系统、烟台市“智慧规划”平台建设等多个政府信息化项目。

前　言

PREFACE

随着信息技术的不断发展，计算软件技术被广泛应用于人们的生产和生活当中，极大地改变了人们的生产和生活方式，已经成为人们生产和生活中的不可或缺的重要组成部分。在大数据背景下，加大计算软件开发力度，进一步提高计算对数据信息的处理效率，可以有效提升相关行业生产效率。

在信息化社会中，社会生产与生活已经与计算软件技术紧密相连，社会的各个行业与领域都需要运用计算软件技术。随着大数据时代的到来，互联网基本覆盖了我国社会的各个行业，从而形成了一个庞大的大数据链。在这一数据链当中，相关行业、企业以及个人，既成为数据内容的一部分，同时也能够充分利用相关数据信息，应用计算软件技术对相应的数据信息进行高效的处理，可以有效促进各个行业的发展，提高企业竞争力，增强个人数据信息的安全性。有效提高数据利用效率，加强数据安全防护，不断推进计算软件技术开发工作，合理应用计算软件技术，对当前大数据时代企业和个人的发展有着非常重要的意义。

大数据的来源比较广泛，它是各种形式生成的海量数据。大数据中蕴含非常大的商业价值，需要对其进行分析提取，以此作为企业发展决策的根据。改变传统的商业模式，发掘科学价值，不断增加企业的经济效益和价值，更进一步来说，促进科学研究的进步和我国经济的高速发展。近几年来，我国的计算软件工程的事业蓬勃发展，虽未达到世界顶尖水平，但也在向着顶尖不断开创。计算软件技术在整个大数据时代中的作用至关重要，它可以创造出一个云数据库和一个完整的数据储存系统。代替人工作业，为大数据时代的工作提供了极高的便利。随着大数据时代的发展，计算软件技术与大数据结合的话题越来越多，这也是计算软件技术应用发展的必然趋势。本专著详细介绍了大数据的相关技术及其在不同的计算软件中的应用实践，对于相关行业和工作人员都有一定的参考价值。

目 录

CONTENTS

第一章 大数据概述

大数据时代悄然来临，带来了信息技术发展的巨大变革，并深刻影响着社会生产和人民生活的各个方面。在全球范围内，世界各国政府均高度重视大数据技术的研究和产业发展，纷纷把大数据上升为国家战略加以重点推进。企业和学术机构纷纷加大技术、资金和人员投入力度，加强对大数据关键技术的研发与应用，以期在“第三次信息化浪潮”中占得先机、引领市场。大数据已经不是“镜中花、水中月”，它的影响力和作用力正迅速触及社会的每个角落，所到之处，或是颠覆，或是提升，都让人感受到了大数据实实在在的威力。对于一个国家而言，能否紧紧抓住大数据发展机遇，快速形成核心技术和应用参与新一轮的全球化竞争，将直接决定未来若干年世界范围内各国科技力量博弈的格局。大数据专业人才的培养是新一轮科技较量的基础，高等院校承担着大数据人才培养的重任，因此，各高等院校非常重视大数据课程的开设，大数据课程已经成为计算机科学与技术专业的重要核心课程。

第一节 大数据时代及大数据的概念

第三次信息化浪潮涌动，大数据时代全面开启。人类社会信息科技的发展为大数据时代的到来提供了技术支撑，而数据产生方式的变革是促进大数据时代到来至关重要的因素。

一、大数据时代的概念

随着大数据时代的到来，“大数据”已经成为互联网信息技术行业的流行词。大数据的“4V”特点包含：数据量大、数据类型繁多、处理速度快和价值密度低。

（一）数据量大

人类进入信息社会以后，数据以自然方式增长，其产生不以人的意志为转移。各种数据产生速度之快，产生数量之大，已经远远超出人类可以控制的范围，“数据爆炸”成为大数据时代的鲜明特征。根据权威咨询机构IDC作出的估测，人类社会产生的数据一直都在以每年50%的速度增长，也就是说，每两年就增加一倍，这被称为“大数据摩尔定律”。这意味着，人类在最近两年产生的数据量相当于之前产生的全部数据量之和。[①]

（二）数据类型繁多

大数据的数据来源众多，科学研究、企业应用和Web应用等都在源源不断地生成新的数据。生物大数据、交通大数据、医疗大数据、电信大数据、电力大数据、金融大数据等都呈现出“井喷式”增长，所涉及的数量十分巨大，已经从TB级别跃升到PB级别。

大数据的数据类型丰富，包括结构化数据和非结构化数据。其中，结构化数据占10%左右，主要是指存储在关系数据库中的数据；非结构化数据占90%左右，种类繁多，主要包括邮件、音频、视频、微信、微博、位置信息、链接信息、手机呼叫信息、网络日志等。

如此类型繁多的异构数据，对数据处理和分析技术提出了新的挑战，也带来了新的机遇。传统数据主要存储在关系数据库中，但是，在类似Web2.0等应用领域中，越来越多的数据开始被存储在非关系型数据库中，这就必然要求在集成的过程中进行数据转换，而这种转换的过程是非常复杂和难以管理的。传统的联机分析处理和商务智能工具大都面向结构化数据，而在大数据时代，用户友好的、支持非结构化数据分析的商业软件也将迎来广阔的市场空间。

（三）处理速度快

大数据时代的数据产生速度非常迅速。在Web2.0应用领域，在一分钟内，新浪可以产生2万条微博，Twitter可以产生10万条推文，苹果商店可以下载4.7万次应用，淘宝可以卖出6万件商品，人人网可以发生30万次访问，百度可以产生90万次搜索查询，Facebook可以产生600万次浏览量。

大数据时代的很多应用都需要基于快速生成的数据给出实时分析结果，

①连玉明．大数据[M]．北京：团结出版社，2017.

用于指导生产和生活实践。因此,数据处理和分析的速度通常要达到秒级响应,这一点和传统的数据挖掘技术有着本质的不同,后者通常不要求给出实时分析结果。为了实现快速分析海量数据的目的,新兴的大数据分析技术通常采用集群处理和独特的内部设计。以谷歌公司的Dremel为例,它是一种可扩展的、交互式的实时查询系统,用于只读嵌套数据的分析,通过结合多级树状执行过程和列式数据结构,它能做到几秒内完成对万亿张表的聚合查询,系统可以扩展到成千上万的CPU上,满足谷歌上万用户操作PB级数据的需求,并且可以在2~3秒内完成PB级别数据的查询。

(四)价值密度低

大数据虽然看起来很美,但是价值密度却远远低于传统关系数据库中已经有的那些数据。在大数据时代,很多有价值的信息都是分散在海量数据中的。以小区监控视频为例,如果没有意外事件发生,连续不断产生的数据都是没有任何价值的,当发生偷盗等意外情况时,也只有记录了事件过程的那一小段视频是有价值的。但是,为了能够获得发生偷盗等意外情况时的那一段宝贵的视频,人们不得不投入大量资金购买监控设备、网络设备、存储设备,耗费大量的电能和存储空间,来保存摄像头连续不断传来的监控数据。

如果这个实例还不够典型的话,那么可以想象另一个更大的场景。假设一个电子商务网站希望通过微博数据进行有针对性的营销,为了实现这个目的,就必须构建一个能存储和分析新浪微博数据的大数据平台,使之能够根据用户微博内容进行有针对性的商品需求趋势预测。虽然愿景很美好,但是现实代价很大,可能需要耗费几百万元构建整个大数据团队和平台,而最终带来的企业销售利润增加额可能会比投入低许多,从这点来说,大数据的价值密度是较低的。

二、第三次信息化浪潮

根据IBM前首席执行官郭士纳的观点,IT领域每隔15年就会迎来一次重大变革。1980年前后,个人计算机(PC)开始普及,使得计算机走入企业和千家万户,大大提高了社会生产力,也使人类迎来了第一次信息化浪潮,英特尔、IBM、苹果、微软、联想等企业是这个时期的标志。随后,在1995年前后,人类开始全面进入互联网时代,互联网的普及把世界变成"地球村",每个人都可以

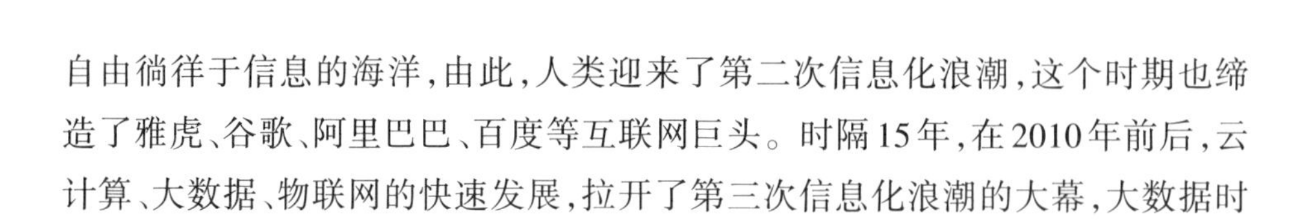

自由徜徉于信息的海洋，由此，人类迎来了第二次信息化浪潮，这个时期也缔造了雅虎、谷歌、阿里巴巴、百度等互联网巨头。时隔15年，在2010年前后，云计算、大数据、物联网的快速发展，拉开了第三次信息化浪潮的大幕，大数据时代已经到来，也必将涌现出一批新的市场标杆企业。

（一）信息科技为大数据时代提供技术支撑

信息科技需要解决信息存储、信息传输和信息处理3个核心问题，人类社会在信息科技领域的不断进步，为大数据时代的到来提供了技术支撑。

1.存储设备容量不断增加

数据被存储在磁盘、磁带、光盘、闪存等各种类型的存储介质中，随着科学技术的不断进步，存储设备的制造工艺不断升级，容量大幅增加，速度不断提升，价格却在不断下降。

早期的存储设备容量小、价格高、体积大 。例如，IBM在1956年生产的一个早期的商业硬盘，容量只有5MB，不仅价格昂贵，而且体积有一个冰箱那么大。相反，现在容量为1TB的硬盘，大小只有3.5英寸（约8.89cm），读写速度达到200MB/s，价格仅为400元左右。廉价、高性能的硬盘存储设备，不仅提供了海量的存储空间，同时大大降低了数据存储成本。

与此同时，以闪存为代表的新型存储介质也开始得到大规模的普及和应用。闪存是一种新兴的半导体存储器，从1989年诞生第一款闪存产品开始，闪存技术不断获得新的突破，并逐渐在计算机存储产品市场中确立了自己的重要地位。闪存是一种非易失性存储器，即使发生断电也不会丢失数据。因此，可以作为永久性存储设备，并具有体积小、质量轻、能耗低、抗震性好等优良特性。闪存芯片可以被封装制作成SD卡、U盘和固态硬盘等各种存储产品，SD卡和U盘主要用于个人数据存储，固态硬盘则越来越多地应用于企业级数据存储。一个32GB的SD卡，体积只有24mm×32mm×2.1mm，质量只有0.5g。以前7200r/min的硬盘，一秒钟读写次数只有100IOPS，传输速率只有50MB/s。而现在基于闪存的固态硬盘，每秒钟读写次数有几万甚至更高的IOPS，访问延迟只有几十微秒，允许以更快的速度读写数据。

总体而言，数据量和存储设备容量二者之间是相辅相成、互相促进的。一方面，随着数据的不断产生，需要存储的数据量不断增加，对存储设备的容量提出了更高的要求，促使存储设备生产商制造更大容量的产品满足市场需求；

另一方面,更大容量的存储设备进一步加快了数据量增长的速度,在存储设备价格高昂的年代,由于考虑到成本问题,一些不必要或当前不能明显体现价值的数据往往会被丢弃。但是,随着单位存储空间价格的不断降低,人们开始倾向于把更多的数据保存起来,以期在未来某个时刻可以用更先进的数据分析工具从中挖掘价值。

2.CPU处理能力大幅提升

CPU处理速度的不断提升也是促使数据量不断增加的重要因素。性能不断提升的CPU,大大提高了处理数据的能力,使得人们可以更快地处理不断累积的海量数据。从20世纪80年代至今,CPU的制造工艺不断提升,晶体管数量不断增加,运行频率不断提高,核心数量逐渐增多,而同等价格所能获得的CPU处理能力也呈几何级数上升。在30多年里,CPU的处理速度已经从10MHz提高到3.6GHz,在2013年之前的很长一段时间,CPU处理速度的增加一直遵循"摩尔定律",性能每隔18个月提高一倍,价格下降一半。

3.网络带宽不断增加

1977年,世界上第一条光纤通信系统在美国芝加哥市投入使用,该光纤数据传输速率为45Mb/s,从此,人类社会的信息传输速度不断被刷新。进入21世纪,世界各国更是纷纷加大宽带网络建设力度,不断扩大网络覆盖范围和传输速度。与此同时,移动通信宽带网络迅速发展,3G网络基本普及,4G、5G网络覆盖范围不断加大,各种终端设备可以随时随地传输数据。大数据时代,信息传输不再遭遇网络发展初期的瓶颈和制约。

(二)数据产生方式的变革促成大数据时代的来临

数据是人们通过观察、实验或计算得出的结果。数据和信息是两个不同的概念。信息是较为宏观的概念,它由数据的有序排列组合而成;而数据则是构成信息的基本单位,离散的数据没有任何实用价值。数据有很多种,比如数字、文字、图像和声音等。随着人类社会信息化进程的加快,在日常生产和生活中每天都会产生大量的数据,比如商业网站、政务系统、零售系统、办公系统、自动化生产系统等,每时每刻都在不断产生数据。数据已经渗透到当今每一个行业和业务职能领域,成为重要的生产因素,从创新到决策,数据推动着企业的发展,并使得各级组织的运营更为高效,可以这样说,数据将成为每个企业获取核心竞争力的关键要素。数据资源已经和物质资源、人力资源一样成为国家的重要战略资源，影响着国家和社会的安全、稳定与发展，因此，数据也被称为“未来的石油”。

数据产生方式的变革，是促成大数据时代来临的重要因素。总体而言，人类社会的数据产生方式大致经历了3个阶段：运营式系统阶段、用户原创内容阶段和感知式系统阶段。

1.运营式系统阶段

人类社会最早大规模管理和使用数据，是从数据库的诞生开始的。大型零售超市销售系统、银行交易系统、股市交易系统、医院医疗系统、企业客户管理系统等大量运营式系统，都是建立在数据库基础之上的，数据库中保存了大量结构化的企业关键信息，用来满足企业各种业务需求。在这个阶段，数据的产生方式是被动的，只有当实际的企业业务发生时，才会产生新的记录并存入数据库。比如，对于股市交易系统而言，只有当发生一笔股票交易时，才会有相关记录生成。

2.用户原创内容阶段

互联网的出现，使得数据传播更加快捷，不需要借助于磁盘、磁带等物理存储介质传播数据，网页的出现进一步加速了大量网络内容的产生，从而使得人类社会数据量开始呈现“井喷式”增长。但是，互联网真正的数据爆发产生于以“用户原创内容”为特征的Web2.0时代。Web1.0时代主要以门户网站为代表，强调内容的组织与提供，大量上网用户本身并不参与内容的产生。而Web2.0技术以Wiki、博客、微博、微信等自服务模式为主，大量上网用户本身就是内容的生成者，尤其是随着移动互联网和智能手机终端的普及，人们更是可以随时随地使用手机发微博、传照片，数据量开始急剧增加。

3.感知式系统阶段

物联网的发展最终导致了人类社会数据量的第三次跃升。物联网中包含大量传感器，如温度传感器、湿度传感器、压力传感器、位移传感器、光电传感器等，此外，视频监控摄像头也是物联网的重要组成部分。物联网中的这些设备，每时每刻都在自动产生大量数据，与Web2.0时代的人工数据产生方式相比，物联网中的自动数据产生方式，将在短时间内生成更密集、更大量的数据，使得人类社会迅速步入“大数据时代”。

（三）大数据的发展历程

大数据的发展历程总体上可以划分为3个重要阶段：萌芽期、成熟期和大规模应用期。这里简要回顾大数据的发展历程。

1980年，著名未来学家阿尔文·托夫勒在《第三次浪潮》一书中，将大数据热情地赞颂为“第三次浪潮的华彩乐章”。

1997年10月，迈克尔·考克斯和大卫·埃尔斯沃思在第八届美国电气和电子工程师协会关于可视化的会议论文集中，发表了《为外存模型可视化而应用控制程序请求页面调度》的文章，这是在美国计算机学会的数字图书馆中第一篇使用“大数据”这一术语的文章。

1999年10月，在美国电气和电子工程师协会关于可视化的年会上，设置了名为“自动化或者交互：什么更适合大数据？”的专题讨论小组，探讨大数据问题。

2001年2月，梅塔集团分析师道格·莱尼发布题为《3D数据管理：控制数据容量、处理速度及数据种类》的研究报告。10年后，“3V”作为定义大数据的三个维度而被广泛接受。

2005年9月，蒂姆·奥莱利发表了《什么是Web2.0》一文，并在文中指出“数据将是下一项技术核心”。

2008年，《自然》杂志推出大数据专刊；计算社区联盟发表了报告《大数据计算：在商业、科学和社会领域的革命性突破》，阐述了大数据技术及其面临的一些挑战。

2010年2月，肯尼斯·库克尔在《经济学人》上发表了一份关于管理信息的特别报告《数据：无所不在的数据》。

2011年2月，《科学》杂志推出专刊《处理数据》，讨论了科学研究中的大数据问题。

2011年5月，麦肯锡全球研究院发布《大数据：下一个具有创新力、竞争力与生产力的前沿领域》，提出“大数据”时代到来。

2012年3月，美国奥巴马政府发布了《大数据研究和发展倡议》，正式启动“大数据发展计划”，大数据上升为美国国家发展战略，被视为美国政府继信息高速公路计划之后在信息科学领域的又一重大举措。

2013年12月，中国计算机学会发布《中国大数据技术与产业发展白皮书》，系统总结了大数据的核心科学与技术问题，推动了我国大数据学科的建设与发展，并为政府部门提供了战略性的意见与建议。

2014年5月，美国政府发布2014年全球“大数据”白皮书《大数据：抓住机遇、守护价值》，报告鼓励使用数据来推动社会进步。

2015年8月，国务院印发《促进大数据发展行动纲要》，全面推进中华人民共和国大数据发展和应用，加快建设数据强国。

2016年5月，在“2016大数据产业峰会”工信部透露，中华人民共和国将制定出台大数据产业“十三五”发展规划，有力推进我国大数据技术创新和产业发展。

2020年12月，国家发展改革委印发了《关于加快构建全国一体化大数据中心协同创新体系的指导意见》，明确数据要素地位，加快数据要素市场化建设，大数据行业步入“集成创新、快速发展、深度应用、结构优化”的高质量发展阶段。

2021年5月，国家发展改革委印发《全国一体化大数据中心协同创新体系算力枢纽实施方案》，按照绿色、集约原则，加强对数据中心的统筹规划布局，结合市场需求、能源供给、网络条件等实际，推动各行业领域的数据中心有序发展。

第二节 大数据的影响及其应用

大数据对科学研究、思维方式和社会发展都具有重要而深远的影响。在科学研究方面，大数据使得人类科学研究在经历了实验、理论、计算等三种范式之后，迎来了第四种范式——数据；在思维方式方面，大数据具有“全样而非抽样、效率而非精确、相关而非因果”三大显著特征，完全颠覆了传统的思维方式；在社会发展方面，大数据决策逐渐成为一种新的决策方式，大数据应用有力促进了信息技术与各行业的深度融合，大数据开发大大推动了新技术和新应用的不断涌现；在就业市场方面，大数据的兴起使得数据科学家成为热门人才；在人才培养方面，大数据的兴起将在很大程度上改变我国高校信息技术相关专业的现有教学和科研体制。

一、大数据产生的影响

（一）大数据对科学研究的影响

图灵奖获得者、著名数据库专家吉姆·格雷博士观察并总结认为，人类自古以来在科学研究上先后历经了实验、理论、计算和数据等四种范式。

1.第一种范式：实验科学

在最初的科学研究阶段，人类采用实验来解决一些科学问题，著名的比萨斜塔实验就是一个典型实例。1590年，伽利略在比萨斜塔上做了“两个铁球同时落地”的实验，得出了重量不同的两个铁球同时下落的结论，从此推翻了亚里士多德“物体下落速度和重量成比例”的学说，纠正了这个持续了1900年之久的错误结论。

2.第二种范式：理论科学

实验科学的研究会受到当时实验条件的限制，难以完成对自然现象更精确的理解。随着科学的进步，人类开始采用各种数学、几何、物理等理论，构建问题模型和解决方案。比如，牛顿第一定律、牛顿第二定律、牛顿第三定律构成了牛顿力学的完整体系，奠定了经典力学的概念基础，它的广泛传播和运用对人们的生活和思想产生了重大影响，在很大程度上推动了人类社会的发展与进步。

3.第三种范式：计算科学

随着1946年人类历史上第一台计算机ENIAC的诞生，人类社会开始步入计算机时代，科学研究也进入一个以“计算”为中心的全新时期。在实际应用中，计算科学主要用于对各个科学问题进行计算机模拟和其他形式的计算。通过设计算法并编写相应程序输入计算机运行，人类可以借助于计算机的高速运算能力去解决各种问题。计算机具有存储容量大、运算速度快、精度高、可重复执行等特点，是科学研究的利器，推动了人类社会的飞速发展。[①]

4.第四种范式：数据密集型科学

随着数据的不断累积，其宝贵价值日益得到体现，物联网和云计算的出现，更是促成了事物发展从量变到质变的转变，使人类社会开启了全新的大数据时代。这时，计算机将不仅仅能做模拟仿真，还能进行分析总结，得到理论。

①侯勇，刘世军，张自军. 大数据技术与应用[M]. 成都：西南交通大学出版社，2020.

在大数据环境下，一切将以数据为中心，从数据中发现问题、解决问题，真正体现数据的价值。大数据将成为科学工作者的宝藏，从数据中可以挖掘未知模式和有价值的信息，服务于生产和生活，推动科技创新和社会进步。虽然第三种范式和第四种范式都是利用计算机来进行计算的，但是两者还是有本质的区别。在第三种研究范式中，一般是先提出可能的理论，再搜集数据，然后通过计算来验证。而对于第四种研究范式，则是先有了大量已知的数据，然后通过计算得出之前未知的理论。

（二）大数据对思维方式的影响

维克托·迈尔·舍恩伯格在《大数据时代：生活、工作与思维的大变革》一书中明确指出，大数据时代最大的转变就是思维方式的三种转变：全样而非抽样、效率而非精确、相关而非因果。

1.全样而非抽样

过去，由于数据存储和处理能力的限制，在科学分析中，通常采用抽样的方法，即从全集数据中抽取一部分样本数据，通过对样本数据的分析来推断全集数据的总体特征。通常，样本数据规模要比全集数据小很多，因此，可以在可控的代价内实现数据分析的目的。现在，人们已经迎来大数据时代，大数据技术的核心就是海量数据的存储和处理，分布式文件系统和分布式数据库技术提供了理论上近乎无限的数据存储能力，分布式并行编程框架 MapReduce 提供了强大的海量数据并行处理能力。因此，有了大数据技术的支持，科学分析完全可以直接针对全集数据而不是抽样数据，并且可以在短时间内迅速得到分析结果，速度之快，超乎想象。就像前面已经提到过的，谷歌公司的 Dremel 可以在 2 ~ 3s 内完成 PB 级别数据的查询。

2.效率而非精确

过去，在科学分析中采用抽样分析方法，就必须追求分析方法的精确性，因为抽样分析只是针对部分样本的分析，其分析结果被应用到全集数据以后，误差会被放大，这就意味着，抽样分析的微小误差被放大到全集数据以后，可能会变成一个很大的误差。因此，为了保证误差被放大到全集数据时仍然处于可以接受的范围，就有必要确保抽样分析结果的精确性。正是由于这个原因，传统的数据分析方法往往更加注重提高算法的精确性，其次才是提高算法效率。现在，大数据时代采用全样分析而不是抽样分析，全样分析结果就不存在误差被放大的问题。因此,追求高精确性已经不是其首要目标;相反,大数据时代具有“秒级响应”的特征,要求在几秒内就迅速给出针对海量数据的实时分析结果,否则就会丧失数据的价值,因此,数据分析的效率成为关注的核心。

3.相关而非因果

过去,数据分析的目的,一方面是解释事物背后的发展机理,比如,一个大型超市在某个地区的连锁店在某个时期内净利润下降很多,这就需要IT部门对相关销售数据进行详细分析找出发生问题的原因;另一方面是用于预测未来可能发生的事件,比如,通过实时分析微博数据,当发现人们对雾霾的讨论明显增加时,就可以建议销售部门增加口罩的进货量,因为人们关注雾霾的一个直接结果是,大家会想到购买一个口罩来保护自己的身体健康。不管是哪个目的,其实都反映了一种“因果关系”。但是,在大数据时代,因果关系不再那么重要,人们转而追求“相关性”而非“因果性”。比如,人们去淘宝网购物时,当购买了一个汽车防盗锁以后,淘宝网还会自动提示你,与你购买相同物品的其他客户还购买了汽车坐垫,也就是说,淘宝网只会告诉你“购买汽车防盗锁”和“购买汽车坐垫”之间存在相关性,但是并不会告诉你为什么其他客户购买了汽车防盗锁以后还会购买汽车坐垫。

(三)大数据对社会发展的影响

大数据将会对社会发展产生深远的影响,具体表现在以下几个方面:大数据决策成为一种新的决策方式,大数据应用促进信息技术与各行业的深度融合,大数据开发推动新技术和新应用的不断涌现。

1.大数据决策成为一种新的决策方式

根据数据制定决策,并非大数据时代所特有。从20世纪90年代开始,数据仓库和商务智能工具就开始大量用于企业决策。发展到今天,数据仓库已经是一个集成的信息存储仓库,既具备批量和周期性的数据加载能力,也具备数据变化的实时探测、传播和加载能力,并能结合历史数据和实时数据实现查询分析和自动规则触发,从而提供对战略决策(如宏观决策和长远规划等)和战术决策(如实时营销和个性化服务等)的双重支持。但是,数据仓库以关系数据库为基础,无论是数据类型还是数据量方面都存在较大的限制。现在,大数据决策可以面向类型繁多的、非结构化的海量数据进行决策分析,已经成为受到追捧的全新决策方式。比如,政府部门可以把大数据技术融入舆情分析,通过对论坛、微博、微信、社区等多种来元数据进行综合分析,弄清或测验信息中本质性的事实和趋势,揭示信息中含有的隐性情报内容,对事物发展做出情报预测,协助实现政府决策,有效应对各种突发事件。

2. 大数据应用促进信息技术与各行业的深度融合

有专家指出,大数据将会在未来10年改变几乎每一个行业的业务功能。互联网、银行、保险、交通、材料、能源、服务等行业领域,不断累积的大数据将加速推进这些行业与信息技术的深度融合,开拓行业发展的新方向。比如,大数据可以帮助快递公司选择运费成本最低的最佳行车路径,协助投资者选择收益最大化的股票投资组合,辅助零售商有效定位目标客户群体,帮助互联网公司实现广告精准投放,还可以让电力公司做好配送电计划确保电网安全等。总之,大数据所触及的每个角落,社会生产和生活都会因之而发生巨大且深刻的变化。

3. 大数据开发推动新技术和新应用的不断涌现

大数据的应用需求是大数据新技术开发的源泉。在各种应用需求的强烈驱动下,各种突破性的大数据技术将被不断提出并得到广泛应用,数据的能量也将不断得到释放。在不远的将来,原来那些依靠人类自身判断力的领域应用,将逐渐被各种基于大数据的应用所取代。比如,今天的汽车保险公司,只能凭借少量的车主信息,对客户进行简单类别划分,并根据客户的汽车出险次数给予相应的保费优惠方案,客户选择哪家保险公司都没有太大差别。随着车联网的出现,“汽车大数据”将会深刻改变汽车保险业的商业模式,如果某家商业保险公司能够获取客户车辆的相关细节信息,并利用事先构建的数学模型对客户等级进行更加细致的判定,给予更加个性化的“一对一”优惠方案,那么毫无疑问,这家保险公司将具备明显的市场竞争优势,获得更多客户的青睐。

二、大数据的应用

大数据无处不在,包括金融、汽车、餐饮、电信、能源、体育和娱乐等社会各行各业都已经融入了大数据的印迹。表1-1是大数据在各个领域的应用情况。

表1-1　大数据在各个领域的应用一览

领域	大数据的应用
制造业	利用工业大数据提升制造业水平，包括产品故障诊断与预测、分析工艺流程、改进生产
金融行业	大数据在高频交易、社交情绪分析和信贷风险分析三大金融创新领域发挥重要作用
汽车行业	利用大数据和物联网技术的无人驾驶，在不远的未来将走入人们的日常生活
互联网行业	借助于大数据技术，可以分析客户行为，进行商品推荐和有针对性的广告投放
餐饮行业	利用大数据实现餐饮O2O模式，彻底改变传统餐饮经营方式
电信行业	利用大数据技术实现客户离网分析，及时掌握客户离网倾向，出台客户挽留措施
能源行业	随着智能电网的发展，电力公司可以掌握海量的用户用电信息，利用大数据技术分析
物流行业	利用大数据优化物流网络，提高物流效率，降低物流成本
城市管理	可以利用大数据实现智能交通、环保监测、城市规划和智能安防
生物医学	大数据可以帮助人们实现流行病预测、智慧医疗、健康管理，同时还可以帮助人们解读
体育和娱乐	大数据可以帮助训练球队，决定投拍哪种题材的影视作品，以及预测比赛结果
安全领域	政府可以利用大数据技术构建强大的国家安全保障体系，企业可以利用大数据抵御网络
个人生活	大数据还可以应用于个人生活，利用与每个人相关联的“个人大数据”，分析个人生活

第三节　大数据计算模式

MapReduce是被大家所熟悉的大数据处理技术，当人们提到大数据时就会很自然地想到MapReduce，可见其影响力之广。实际上，大数据处理的问题复杂多样，单一的计算模式是无法满足不同类型的计算需求的，MapReduce其实只是大数据计算模式中的一种，它代表了针对大规模数据的批量处理技术，除此以外，还有查询分析计算、图计算、流计算等多种大数据计算模式。大数据计算模式及其代表产品见表1-2。

表1-2 大数据计算模式及其代表产品

大数据计算模式	解决问题	代表产品
批处理计算	针对大规模数据的批量处理	MapReduce、Spark等
流计算	针对流数据的实时计算	Storm、S4、Flume、Streams、Puma、Super
图计算	针对大规模图结构数据的处理	Pregel、GraphX、Giraph、PowerGraph、Hama、Golde
查询分析计算	大规模数据的存储管理和查询分析	Dremel、Hive、Cassandra、Impala等

一、批处理计算

批处理计算主要解决针对大规模数据的批量处理，也是人们日常数据分析工作中非常常见的一类数据处理需求。MapReduce是最具有代表性和影响力的大数据批处理技术，可以并行执行大规模数据处理任务，用于大规模数据集(大于1TB)的并行运算。MapReduce极大地方便了分布式编程工作，它将复杂的、运行于大规模集群上的并行计算过程高度地抽象到了两个函数——Map和Reduce上，编程人员在不会分布式并行编程的情况下，也可以很容易地将自己的程序运行在分布式系统上，完成海量数据集的计算。[①]

Spark是一个针对超大数据集合的低延迟的集群分布式计算系统，比MapReduce快许多。Spark启用了内存分布数据集，除了能够提供交互式查询外，还可以优化迭代工作负载。在MapReduce中，数据流从一个稳定的来源进行一系列加工处理后，流出到一个稳定的文件系统(如HDFS)。而对于Spark而言，则使用内存替代HDFS或本地磁盘来存储中间结果，因此Spark要比MapReduce的速度快许多。

二、流计算

流数据也是大数据分析中的重要数据类型。流数据(或数据流)是指在时间分布和数量上无限的一系列动态数据集合体，数据的价值随着时间的流逝而降低，因此必须采用实时计算的方式给出秒级响应。流计算可以实时处理来自不同数据源的、连续到达的流数据，经过实时分析处理，给出有价值的分析结果。目前业内已涌现出许多的流计算框架与平台，第一类是商业级的流

①郑江宇，许晋雄. 大数据应用[M]. 杭州：浙江人民出版社，2020.

计算平台，包括IBM InfoSphere Streams和IBM Stream Base等；第二类是开源流计算框架，包括Twitter Storm，Yahoo! S4，Spark Streaming等；第三类是公司为支持自身业务开发的流计算框架，如Facebook使用Puma和HBase相结合来处理实时数据，百度开发了通用实时流数据计算系统DStream，淘宝开发了通用流数据实时计算系统——银河流数据处理平台。

三、图计算

在大数据时代，许多大数据都是以大规模图或网络的形式呈现，如社交网络、传染病传播途径、交通事故对路网的影响等，此外，许多非图结构的大数据也常常会被转换为图模型后再进行处理分析。MapReduce作为单输入、两阶段、粗粒度数据并行的分布式计算框架，在表达多迭代、稀疏结构和细粒度数据时，往往显得力不从心，不适合用来解决大规模图计算问题。因此，针对大型图的计算，需要采用图计算模式，目前已经出现了不少相关图计算产品。Pregel是一种基于BSP模型实现的并行图处理系统。为了解决大型图的分布式计算问题，Pregel搭建了一套可扩展的、有容错机制的平台，该平台提供了一套非常灵活的API，可以描述各种各样的图计算。Pregel主要用于图遍历、最短路径、PageRank算法等。其他代表性的图计算产品还包括Facebook针对Pregel的开源实现Giraph、Spark下的GraphX、图数据处理系统Power Graph等。

四、查询分析计算

针对超大规模数据的存储管理和查询分析，需要提供实时或准实时的响应，才能很好地满足企业经营管理需求。谷歌公司开发的Dremel是一种可扩展的、交互式的实时查询系统，用于只读嵌套数据的分析。通过结合多级树状执行过程和列式数据结构，它能做到几秒内完成对万亿张表的聚合查询。系统可以扩展到成千上万的CPU上，满足谷歌上万用户操作PB级的数据，并且可以在2～3s内完成PB级别数据的查询。此外，Cloudera公司参考Dremel系统开发了实时查询引擎Impala，它提供SQL语义，能快速查询存储在Hadoop的HDFS和HBase中的PB级大数据。

第四节 大数据与云计算、物联网

云计算、大数据和物联网代表了IT领域最新的技术发展趋势，三者相辅相成，既有联系又有区别。为了更好地理解三者之间的紧密关系，下面将首先简要介绍云计算和物联网的概念，再分析云计算、大数据和物联网的区别与联系。

一、云计算

（一）云计算的概念

云计算实现了通过网络提供可伸缩的、廉价的分布式计算能力，用户只需要在具备网络接入件的地方，就可以随时随地获得所需的各种IT资源。云计算代表了以虚拟化技术为核心、以低成本为目标的、动态可扩展的网络应用基础设施，是近年来最有代表性的网络计算技术与模式。

云计算包括三种典型的服务模式，即基础设施即服务（IaaS）、平台即服务（PaaS）和软件即服务（SaaS）。IaaS将基础设施作为服务出租，PaaS把平台作为服务出租，SaaS把软件作为服务出租。

云计算包括公有云、私有云和混合云三种类型。公有云面向所有用户提供服务，只要是注册付费的用户都可以使用，比如Amazon AWS；私有云只为特定用户提供服务，比如大型企业出于安全考虑自建的云环境，只为企业内部提供服务；混合云综合了公有云和私有云的特点，因为对于一些企业而言，一方面出于安全考虑需要把数据放在私有云中，另一方面又希望可以获得公有云的计算资源，为了获得最佳的效果，就可以把公有云和私有云进行混合搭配使用。①

可以采用云计算管理软件来构建云环境（公有云或私有云），OpenStack就是一种非常流行的构建云环境的开源软件。OpenStack管理的资源不是单机的而是一个分布的系统，它把分布的计算、存储、网络、设备、资源组织起来，形成一个完整的云计算系统，帮助服务商和企业内部实现类似于Amazon EC2和S3的云基础架构服务。

①李明禄. 英汉云计算·物联网·大数据简明词典[M]. 上海：上海交通大学出版社，2021.

(二)云计算的关键技术

云计算的关键技术包括虚拟化、分布式存储、分布式计算、多租户等。

1.虚拟化

虚拟化技术是云计算基础架构的基石,是指将一台计算机虚拟为多台逻辑计算机,在一台计算机上同时运行多个逻辑计算机,每个逻辑计算机可运行不同的操作系统,并且应用程序都可以在相互独立的空间内运行而互不影响,从而显著提高计算机的工作效率。

虚拟化的资源可以是硬件(如服务器、磁盘和网络),也可以是软件。以服务器虚拟化为例,它将服务器物理资源抽象成逻辑资源,让一台服务器变成几台甚至上百台相互隔离的虚拟服务器,不再受限于物理上的界限,而是让CPU、内存、磁盘、I/O等硬件变成可以动态管理的“资源池”,从而提高资源的利用率,简化系统管理,实现服务器整合,让IT对业务的变化更具适应力。Hyper-V、VMware、KVM、VirtualBox、Xen、QEMU等都是非常典型的虚拟化技术。Hyper-V是微软的一款虚拟化产品,旨在为用户提供成本效益更高的虚拟化基础设施软件,从而为用户降低运作成本,提高硬件利用率,优化基础设施,提高服务器的可用性。

近年来发展起来的容器技术(如Docker),是不同于VMware等传统虚拟化技术的一种新型轻量级虚拟化技术(也被称为“容器型虚拟化技术”)。与VMware等传统虚拟化技术相比,Docker容器具有启动速度快、资源利用率高、性能开销小等优点,受到业界青睐,并得到了越来越广泛的应用。

2.分布式存储

面对“数据爆炸”的时代,集中式存储已经无法满足海量数据的存储需求,分布式存储应运而生。GFS(Google File System)是谷歌公司推出的一款分布式文件系统,可以满足大型、分布式、对大量数据进行访问的应用的需求。GFS具有很好的硬件容错性,可以把数据存储到成百上千台服务器上面,并在硬件出错的情况下尽量保证数据的完整性。GFS还支持GB或者TB级别超大文件的存储,一个大文件会被分成许多块,分散存储在由数百台机器组成的集群里。HDFS(Hadoop Distributed File System)是对GFS的开源实现,它采用了更加简单的“一次写入、多次读取”文件模型,文件一旦创建、写入并关闭了,之后就只能对它执行读取操作,而不能执行任何修改操作;同时,HDFS是基于

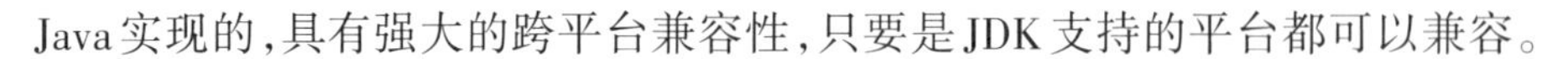

Java实现的，具有强大的跨平台兼容性，只要是JDK支持的平台都可以兼容。

谷歌公司后来又以GFS为基础开发了分布式数据管理系统Big Table，它是一个稀疏、分布、持续多维度的排序映射数组，适合于非结构化数据存储的数据库，具有高可靠性、高性能、可伸缩等特点，可在廉价PC服务器上搭建起大规模存储集群。HBase是针对Big Table的开源实现。

3.分布式计算

面对海量的数据，传统的单指令单数据流顺序执行的方式已经无法满足快速数据处理的要求。同时，也不能寄希望于通过硬件性能的不断提升来满足这种需求，因为晶体管电路已经逐渐接近其物理上的性能极限，摩尔定律已经开始慢慢失效，CPU处理能力再也不会每隔18个月翻一番。

在这样的大背景下，谷歌公司提出了并行编程模型MapReduce，让任何人都可以在短时间内迅速获得海量计算能力，它允许开发者在不具备并行开发经验的前提下也能够开发出分布式的并行程序，并让其同时运行在数百台机器上，在短时间内完成海量数据的计算。MapReduce将复杂的、运行于大规模集群上的并行计算过程抽象为两个函数：Map和Reduce，并把一个大数据集切分成多个小的数据集，分布到不同的机器上进行并行处理，极大提高了数据处理速度，可以有效满足许多应用对海量数据的批量处理需求。Hadoop开源实现了MapReduce编程框架，被广泛应用于分布式计算。

4.多租户

多租户技术目的在于使大量用户能够共享同一堆栈的软硬件资源，每个用户按需使用资源，能够对软件服务进行客户化配置，而不影响其他用户的使用。多租户技术的核心包括数据隔离、客户化配置、架构扩展和性能定制。

（三）云计算数据中心

云计算数据中心是一整套复杂的设施，包括刀片服务器、宽带网络连接、环境控制设备、监控设备以及各种安全装置等。数据中心是云计算的重要载体，为云计算提供计算、存储、带宽等各种硬件资源，为各种平台和应用提供运行支撑环境。谷歌、微软、IBM、惠普、戴尔等国际IT巨头，纷纷投入资金在全球范围内大量修建数据中心，旨在掌握云计算发展的主导权。我国政府和企业也都在加大力度建设云计算数据中心。福建省泉州市安溪县的中国国际信息技术（福建）产业园的数据中心，是福建省规划的重点项目之一，能为福建省及周边地区的各级政府和企业事业单位提供数据存储、数据交换、数据处理等专业数据服务。阿里巴巴集团在甘肃玉门建设绿色环保的数据中心,电力全部来自风力发电,用祁连山融化的雪水冷却数据中心产生的热量。贵州被公认为我国南方最适合建设数据中心的地方,目前,中国移动、中国联通、中国电信三大运营商都将南方数据中心建在贵州。

(四)云计算的应用

云计算在电子政务、医疗、卫生、教育、企业等领域的应用不断深化,对提高政府服务水平、促进产业转型升级和培育发展新兴产业等都起到了关键的作用。政务云上可以部署公共安全管理、容灾备份、城市管理、应急管理、智能交通、社会保障等应用,通过集约化建设、管理和运行,可以实现信息资源整合和政务资源共享,推动政务管理创新,加快向服务型政府转型。教育云可以有效整合幼儿教育、中小学教育、高等教育以及继续教育等优质教育资源,逐步实现教育信息共享、教育资源共享及教育资源深度挖掘等目标。中小企业云能够让企业以低廉的成本建立财务、供应链、客户关系等管理应用系统,大大降低企业信息化门槛,迅速提升企业信息化水平,增强企业市场竞争力。医疗云可以推动医院与医院、医院与社区、医院与急救中心、医院与家庭之间的服务共享,并形成一套全新的医疗健康服务系统,从而有效地提高医疗保健的质量。

(五)云计算产业

云计算产业作为战略性新兴产业,近些年得到了迅速发展,形成了成熟的产业链结构,产业涵盖硬件与设备制造、基础设施运营、软件与解决方案供应商、基础设施即服务(IaaS)、平台即服务(PaaS)、软件即服务(SaaS)、终端设备、云安全、云计算交付/咨询/认证等环节。

硬件与设备制造环节包括了绝大部分传统硬件制造商,这些厂商都已经在某种形式上支持虚拟化和云计算,主要包括 Intel、AMD、Cisco 等。基础设施运营环节包括数据中心运营商、网络运营商、移动通信运营商等。软件与解决方案供应商主要以虚拟化管理软件为主,包括 IBM、微软、思杰、Red Hat 等。IaaS 将基础设施(计算和存储等资源)作为服务出租,向客户出售服务器、存储和网络设备、带宽等基础设施资源,厂商主要包括 Amazon、Rackspace、GoGrid 等。PaaS 把平台(包括应用设计、应用开发、应用测试、应用托管等)作为服务出租，厂商主要包括谷歌、微软、新浪、阿里巴巴等。SaaS则把软件作为服务出租，向用户提供各种应用，厂商主要包括Salesforce、谷歌等。云安全旨在为各类云用户提供可信度高的安全保障，厂商主要包括IBM、OpenStack等。云计算交付、咨询/认证环节包括了三大交付以及咨询认证服务商，这些服务商已经支持绝大多数形式的云计算咨询及认证服务，主要包括IBM、微软、Oracle、思杰等。

二、物联网

物联网是新一代信息技术的重要组成部分，具有广泛的用途，同时和云计算、大数据有着千丝万缕的紧密联系。

（一）物联网的概念

物联网是物物相连的互联网，是互联网的延伸，它利用局部网络或互联网等通信技术把传感器、控制器、机器、人员和物等通过新的方式连在一起，形成人与物、物与物相连，实现信息化和远程管理控制。

从技术架构上来看，物联网可分为感知层、网络层、处理层和应用层。

现在给出一个简单的智能公交实例来加深大家对物联网概念的理解。当前，很多城市居民的智能手机中都安装了“掌上公交”App，可以用手机随时随地查询每辆公交车的当前到达位置信息，这就是一种非常典型的物联网应用。在智能公交应用中，每辆公交车都安装了GPS定位系统和3G/4G网络传输模块，在车辆行驶过程中，GPS定位系统会实时采集公交车当前到达位置信息，并通过车上的3G/4G网络传输模块发送给车辆附近的移动通信基站，经由电信运营商的3G/4G移动通信网络传送到智能公交指挥调度中心的数据处理平台，平台再把公交车位置数据发送给智能手机用户，用户的“掌上公交”软件就会显示出公交车的当前位置信息。这个应用实现了“物与物的相连”，即把公交车和手机这两个物体连接在一起，让手机可以实时获得公交车的位置信息，进一步来讲，实际上也实现了“物和人的连接”，让手机用户可以实时获得公交车位置信息。在这个应用中，安装在公交车上的GPS定位设备就属于物联网的感知层；安装在公交车上的3G/4G网络传输模块以及电信运营商的3G/4G移动通信网络属于物联网的网络层；智能公交指挥调度中心的数据处理平台属于物联网的处理层；智能手机上安装的“掌上公交”App属于物联网的应用层。

(二)物联网关键技术

物联网是物与物相连的网络,通过为物体加装二维码、RFID标签、传感器等,就可以实现物体身份唯一标识和各种信息的采集,再结合各种类型网络连接,就可以实现人和物、物和物之间的信息交换。因此,物联网中的关键技术包括识别和感知技术(二维码、RFID、传感器等)、网络与通信技术、数据挖掘与融合技术等。

1.识别和感知技术

二维码是物联网中一种很重要的自动识别技术,是在二维条码基础上扩展出来的条码技术。二维码包括堆叠式/行排式二维码和矩阵式二维码,后者较为常见。矩阵式二维码在一个矩形空间中通过黑、白像素在矩阵中的不同分布进行编码。在矩阵相应元素位置上,用点(方点、圆点或其他形状)的出现表示二进制"1",点的不出现表示二进制的"0",点的排列组合确定了矩阵式二维条码所代表的意义。二维码具有信息容量大、编码范围广、容错能力强、译码可靠性高、成本低、易制作等良好特性,已经得到了广泛的应用。

RFID技术用于静止或移动物体的无接触自动识别,具有全天候、无接触、可同时实现多个物体自动识别等特点。RFID技术在生产和生活中得到了广泛的应用,大大推动了物联网的发展,人们平时使用的公交卡、门禁卡、校园卡等都嵌入了RFID芯片,可以实现迅速、便捷的数据交换。从结构上讲,RFID是一种简单的无线通信系统,由RFID读写器和RFID标签两个部分组成。RFID标签是由天线、耦合元件、芯片组成的,是一个能够传输信息、回复信息的电子模块。RFID读写器也是由天线、耦合元件、芯片组成的,用来读取(或者有时也可以写入)RFID标签中的信息。RFID使用RFID读写器及可附着于目标物的RFID标签,利用频率信号将信息由RFID标签传送至RFID读写器。以公交卡为例,市民持有的公交卡就是一个RFID标签,公交车上安装的刷卡设备就是RFID读写器,当我们执行刷卡动作时,就完成了一次RFID标签和RFID读写器之间的数据交换。

传感器是一种能感受到被测量的信息并将感受到的信息按照一定的规律(数学函数法则)转换成可用信号的器件或装置,具有微型化、数字化、智能化、网络化等特点。人类需要借助于耳朵、鼻子、眼睛等感觉器官感受外部物理世界,类似地,物联网也需要借助于传感器实现对物理世界的感知。物联网中常见的传感器类型有光敏传感器、声敏传感器、气敏传感器、化学传感器、压敏传感器、温敏传感器和流体传感器等，可以用来模仿人类的视觉、听觉、嗅觉、味觉和触觉。

2. 网络与通信技术

物联网中的网络与通信技术包括短距离无线通信技术和远程通信技术。短距离无线通信技术包括ZigBee、NFC、蓝牙、Wi-Fi、RFID等。远程通信技术包括互联网、2G/3G/4G移动通信网络、卫星通信网络等。

3. 数据挖掘与融合技术

物联网中存在大量数据来源、各种异构网络和不同类型系统，如此大量的不同类型数据，如何实现有效整合、处理和挖掘，是物联网处理层需要解决的关键技术问题。云计算和大数据技术的出现，为物联网数据存储、处理和分析提供了强大的技术支撑，海量物联网数据可以借助于庞大的云计算基础设施实现廉价存储，利用大数据技术实现快速处理和分析，满足各种实际应用需求。

（三）物联网的应用

物联网已经广泛应用于智能交通、智慧医疗、智能家居、环保监测、智能安防、智能物流、智能电网、智慧农业和智能工业等领域，对国民经济与社会发展起到了重要的推动作用。

1. 智能交通

利用RFID、摄像头、线圈、导航设备等物联网技术构建的智能交通系统，可以让人们随时随地通过智能手机、大屏幕、电子站牌等方式，了解城市各条道路的交通状况、所有停车场的车位情况、每辆公交车的当前到达位置等信息，合理安排行程，提高出行效率。

2. 智慧医疗

医生利用平板电脑、智能手机等手持设备，通过无线网络，可以随时连接访问各种诊疗仪器，实时掌握每个病人的各项生理指标数据，科学、合理地制订诊疗方案，甚至可以支持远程诊疗。

3. 智能家居

利用物联网技术提升家居安全性、便利性、舒适性、艺术性，并实现环保节能的居住环境。比如，可以在工作单位通过智能手机远程开启家里的电饭煲、空调、门锁、监控、窗帘和电灯等，家里的窗帘和电灯也可以根据时间和光线变化自动开启和关闭。

4.环保监测

可以在重点区域放置监控摄像头或水质土壤成分检测仪器，相关数据可以实时传输到监控中心，出现问题时实时发出警报。

5.智能安防

采用红外线、监控摄像头、RFID等物联网设备，实现小区出入智能识别和控制、意外情况自动识别和报警、安保巡逻智能化管理等功能。

6.智能物流

利用集成智能化技术，使物流系统能模仿人的智能，具有思维、感知、学习、推理判断和自行解决物流中某些问题的能力（如选择最佳行车路线，选择最佳包裹装车方案），从而实现物流资源优化调度和有效配置，提升物流系统效率。

7.智能电网

通过智能电表，不仅可以免去抄表工的大量工作，还可以实时获得用户用电信息，提前预测用电高峰和低谷，为合理设计电力需求响应系统提供依据。

8.智慧农业

利用温度传感器、湿度传感器和光线传感器，实时获得种植大棚内的农作物生长环境信息，远程控制大棚遮光板、通风口、喷水口的开启和关闭，让农作物始终处于最优生长环境，提高农作物产量和品质。

9.智能工业

将具有环境感知能力的各类终端、基于泛在技术的计算模式、移动通信技术等不断融入工业生产的各个环节，大幅提高制造效率，改善产品质量，降低产品成本和资源消耗，将传统工业提升到智能化的新阶段。

（四）物联网产业

完整的物联网产业链主要包括核心感应器件提供商、感知层末端设备提供商、网络提供商、软件与行业解决方案提供商、系统集成商和运营及服务提供商等环节。

1.核心感应器件提供商

提供二维码、RFID及读写器、传感器、智能仪器仪表等物联网核心感应器件。

2. 感知层末端设备提供商

提供射频识别设备、传感系统及设备、智能控制系统及设备、GPS设备、末端网络产品等。

3. 网络提供商

包括电信网络运营商、广电网络运营商、互联网运营商、卫星网络运营商和其他网络运营商等。

4. 软件与行业解决方案提供商

提供微软操作系统、中间件、解决方案等。

5. 系统集成商

提供行业应用集成服务。

6. 运营及服务提供商

开展行业物联网运营及服务。

三、大数据与云计算、物联网的关系

云计算、大数据和物联网代表了IT领域最新的技术发展趋势，三者既有区别又有联系。云计算最初主要包含了两类含义：一类是以谷歌的GFS和MapReduce为代表的大规模分布式并行计算技术；另一类是以亚马逊的虚拟机和对象存储为代表的“按需租用”的商业模式。但是，随着大数据概念的提出，云计算中的分布式计算技术开始更多地被列入数据技术，而人们提到云计算时，更多指的是底层基础IT资源的整合优化以及以服务的方式提供IT资源的商业模式（如IaaS、PaaS、SaaS），从云计算和大数据概念的诞生到现在，二者之间的关系非常微妙，既密不可分，又千差万别。因此，不能把云计算和大数据割裂开来作为截然不同的两类技术来看待。此外，物联网也是和云计算、大数据相伴相生的技术。下面总结三者的联系与区别。

云计算为大数据提供技术基础，大数据为云计算机提供了用武之地。

云计算为物联网提供海量数据存储能力，物联网为云计算技术提供了广阔的应用空间。

物联网是大数据的重要来源，大数据技术为物联网数据分析提供支撑。

第二章 基于大数据的计算软件设计运用的关键技术

第一节 大数据采集

一、大数据采集概述

大数据出现之前，计算机所能够处理的数据都需要前期进行相应的结构化处理，并存储在相应的数据库中。但大数据技术对于数据的结构要求大大降低，互联网上人们留下的社交信息、地理位置信息、行为习惯信息、偏好信息等各种维度的信息都可以实时处理。

二、大数据采集的数据来源

按照数据来源划分，大数据的三大主要来源为商业数据、互联网数据与物联网数据。其中，商业数据来自企业ERP系统、各种POS终端及网上支付系统等业务系统；互联网数据来自通信记录及QQ、微信、微博等社交媒体；物联网数据来自射频识别装置、全球定位设备、传感器设备、视频监控设备等。

（一）商业数据

商业数据是指来自企业ERP系统、各种POS终端及网上支付系统等业务系统的数据，是现在最主要的数据来源渠道。

大型零售商沃尔玛每小时收集到2.5PB数据，存储的数据量是美国国会图书馆的167倍。沃尔玛详细记录了消费者的购买清单、消费额、购买日期、购买当天的天气和气温，通过对消费者的购物行为等非结构化数据进行分析，发现商品关联，并优化商品陈列。沃尔玛不仅采集这些传统商业数据，还将数据采集的触角伸入了社交网络。当用户在Facebook和Twitter谈论某些产品或者表达某些喜好时，这些数据都会被沃尔玛记录下来并加以利用。

Amazon（亚马逊）公司拥有全球零售业最先进的数字化仓库，通过对数据的采集、整理和分析，可以优化产品结构，开展精确营销和快速发货。另外，Amazon 的 Kindle 电子书城中积累了上千万本图书的数据，并完整记录着读者们对图书的标记和笔记，若加以分析 Amazon 能从中得到哪类读者对哪些内容感兴趣，从而能给读者做出准确的图书推荐。①

（二）互联网数据

互联网数据是指网络空间交互过程中产生的大量数据，包括通信记录及 QQ、微信、微博等社交媒体产生的数据，其数据复杂且难以被利用。例如，社交网络数据所记录的大部分是用户的当前状态信息，同时还记录着用户的年龄、性别、所在地、教育、职业和兴趣等。互联网数据具有大量化、多样化、快速化等特点。

1. 大量化

在信息化时代背景下网络空间数据增长迅猛，数据集合规模已实现从 GB 到 PB 的飞跃，互联网数据则需要通过 ZB 表示。在未来互联网数据的发展中还将实现近 50 倍的增长，服务器数量也将随之增长，以满足大数据存储。

2. 多样化

互联网数据的类型多样化，例如结构化数据、半结构化数据和非结构化数据。互联网数据中的非结构化数据正在飞速增长，据相关调查统计，在 2012 年年底非结构化数据在网络数据总量中占 77% 左右。非结构化数据的产生与社交网络以及传感器技术的发展有着直接联系。

3. 快速化

互联网数据在一般情况下以数据流形式快速产生，且具有动态变化性特征，其时效性要求用户必须准确掌握互联网数据流才能更好地利用这些数据。

互联网是大数据信息的主要来源，能够采集什么样的信息、采集到多少信息及哪些类型的信息，直接影响着大数据应用功能最终效果的发挥。而信息数据采集需要考虑采集量、采集速度、采集范围和采集类型，信息数据采集速度可以达到秒级以上；采集范围涉及微博、论坛、博客、新闻网、电商网站、分类网站等各种网页；而采集类型包括文本、数据、URL、图片、视频、音频等。

①龙虎，彭志勇. 大数据计算模式与平台架构研究[J]. 凯里学院学报，2019(3)：73-76.

（三）物联网数据

物联网是指在计算机互联网的基础上，利用射频识别、传感器、红外感应器、无线数据通信等技术，构造一个能够实现物物相连的互联网络。其内涵包含两个方面意思：一是物联网的核心和基础仍是互联网，是在互联网基础之上延伸和扩展的一种网络；二是其用户端延伸和扩展到任何物品与物品之间，进行信息交换和通信。物联网的定义是：通过射频识别（RFID）装置、传感器、红外感应器、全球定位系统、激光扫描器等信息传感设备，按约定的协议，把任何物品与互联网相连接，以进行信息交换和通信，从而实现智慧化识别、定位、跟踪、监控和管理的一种网络体系。

物联网数据是除了人和服务器之外，在射频识别、物品、设备、传感器等节点产生的大量数据。包括射频识别装置、音频采集器、视频采集器、传感器、全球定位设备、办公设备、家用设备和生产设备等产生的数据。物联网数据有以下特点：①物联网中的数据量更大。物联网的最主要特征之一是节点的海量性，其数量规模远大于互联网；物联网节点的数据生成频率远高于互联网，如传感器节点多数处于全时工作状态，数据流是持续的。②物联网中的数据传输速率更高。由于物联网与真实物理世界直接关联，很多情况下需要实时访问、控制相应的节点和设备，因此需要高数据传输速率来支持。③物联网中的数据更加多样化。物联网涉及的应用范围广泛，包括智慧城市、智慧交通、智慧物流、商品溯源、智能家居、智慧医疗、安防监控等。在不同领域、不同行业，需要面对不同类型、不同格式的应用数据，因此物联网中数据多样性更为突出。④物联网对数据真实性的要求更高。物联网是真实物理世界与虚拟信息世界的结合，其对数据的处理以及基于此进行的决策将直接影响物理世界，物联网中数据的真实性显得尤为重要。

以智能安防应用为例，智能安防行业已从大面积监控布点转变为注重视频智能预警、分析和实战，利用大数据技术从海量的视频数据中进行规律预测、情境分析、串并侦查、时空分析等。在智能安防领域，数据的产生、存储和处理是智能安防解决方案的基础，只有采集有足够价值的安防信息，通过大数据分析以及综合研判模型，才能制定智能安防决策。

所以，在信息社会中，几乎所有行业的发展都离不开大数据的支持。

三、大数据采集的技术方法

数据采集技术是信息科学的重要组成部分,已广泛应用于国民经济和国防建设的各个领域,并且随着科学技术的发展,尤其是计算机技术的发展与普及,数据采集技术具有更广阔的发展前景。大数据的采集技术为大数据处理的关键技术之一。

(一)系统日志采集方法

很多互联网企业都有自己的海量数据采集工具,多用于系统日志采集,如Hadoop的Chukwa、Cloudera的Flume、Facebook的Scribe等。这些系统采用分布式架构,能满足每秒数百MB的日志数据采集和传输需求。例如,Scribe是Facebook开源的日志收集系统,能够从各种日志源上收集日志,存储到一个中央存储系统(可以是NFS、分布式文件系统等)上,以便于进行集中统计分析处理。它为日志的"分布式收集,统一处理"提供了一个可扩展的、高容错的方案。

(二)对非结构化数据的采集

非结构化数据的采集就是针对所有非结构化的数据的采集,包括企业内部数据的采集和网络数据采集等。企业内部数据的采集是对企业内部各种文档、视频、音频、邮件、图片等数据格式之间互不兼容的数据采集。

网络数据采集是指通过网络爬虫或网站公开API等方式从网站上获取互联网中相关网页内容的过程,并从中抽取出用户所需要的属性内容。互联网网页数据处理,就是对抽取出来的网页数据进行内容和格式上的处理、转换和加工,使之能够适应用户的需求,并将之存储下来,供以后使用。该方法可以将非结构化数据从网页中抽取出来,将其存储为统一的本地数据文件,并以结构化的方式存储。它支持图片、音频、视频等文件或附件的采集,附件与正文可以自动关联。除了网络中包含的内容之外,对于网络流量的采集可以使用DPI或DFI等带宽管理技术进行处理。

网络爬虫是一种按照一定的规则,自动地抓取万维网信息的程序或者脚本。是一个自动提取网页的程序,它为搜索引擎从万维网上下载网页,是搜索引擎的重要组成。

网络数据采集和处理的整体过程如图2-1所示,包含4个主要模块:网络爬虫、数据处理、URL队列和数据。

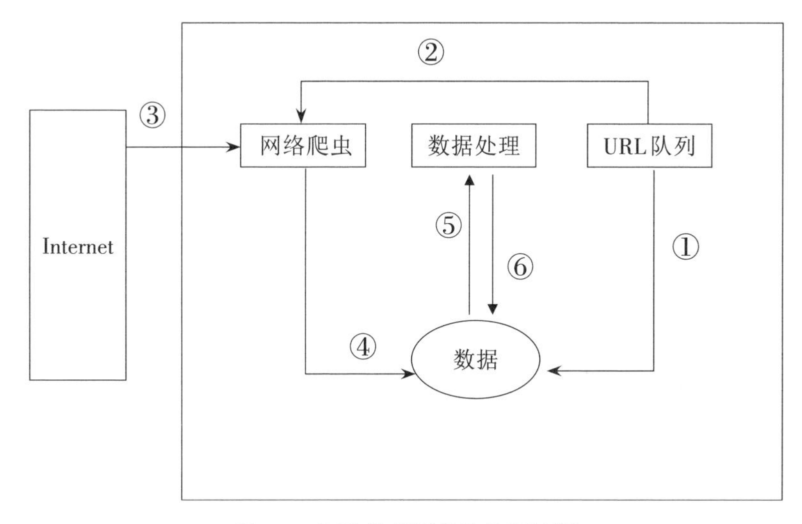

图2-1 网络数据采集和处理流程

这4个主要模块的功能如下:①网络爬虫:从Internet上抓取网页内容,并抽取出需要的属性内容。②数据处理:对爬虫抓取的内容进行处理。③URL队列:为爬虫提供需要抓取数据网站的URL。④数据:包含Site URL、Spider Data和Dp Data。其中,Sitc URL是需要抓取数据网站的URL信息;Spidcr Data是爬虫从网页中抽取出来的数据;Dp Data是经过数据处理之后的数据。

整个网络数据采集和处理的基本步骤如下:①将需要抓取数据的网站的URL信息(Site URL)写入URL队列。②爬虫从URL队列中获取需要抓取数据的网站的URL信息。③爬虫从Internet抓取与Site URL对应的网页内容,并抽取出网页特定属性的内容值。④爬虫将从网页中抽取出的数据(Spider Data)写入数据库。⑤数据处理模块读取Spider Data,并进行处理。⑥数据处理模块将处理之后的数据写入数据库。

目前网络数据采集的关键技术为链接过滤,其实质是判断一个链接(当前链接)是不是在一个链接集合(已经抓取过的链接)里。在对网页大数据的采集中,可以采用布隆过滤器(Bloom Filter)来实现对链接的过滤。

(三)其他数据采集方法

对于企业生产经营数据或学科研究数据等保密性要求较高的数据,可以通过与企业或研究机构合作,使用特定系统接口等相关方式采集数据。

尽管大数据技术层面的应用可以无限广阔,但由于受到数据采集的限制,能够用于商业应用、服务于人们的数据要远远小于理论上大数据能够采集和处理的数据。因此,解决大数据的隐私问题是数据采集技术的重要目标之一。现阶段的医疗机构数据更多来源于内部,外部的数据没有得到很好的应用。对于外部数据,医疗机构可以考虑借助如百度、阿里、腾讯等第三方数据平台解决数据采集难题。

四、大数据的预处理

要对海量数据进行有效的分析,应该将这些来自前端的数据导入一个集中的大型分布式数据库,或者分布式存储集群,并且可以在导入基础上做一些简单的清洗和预处理工作。导入与预处理过程的特点和挑战主要是导入的数据量大,通常用户每秒钟的导入量会达到百兆,甚至千兆级别。

根据大数据的多样性,决定了经过多种渠道获取的数据种类和数据结构都非常复杂,这就给之后的数据分析和处理带来了极大的困难。通过大数据的预处理这一步骤,将这些结构复杂的数据转换为单一的或便于处理的结构,为以后的数据分析打下良好的基础。由于所采集的数据里并不是所有的信息都是必需的,而是掺杂了很多噪声和干扰项,因此还需要对这些数据进行去噪处理和清洗,以保证数据的质量和可靠性。常用的方法是在数据处理的过程中设计一些数据过滤器,通过聚类或关联分析的规则方法将无用或错误的离群数据挑出来过滤掉,防止其对最终数据结果产生不利影响,然后将这些整理好的数据进行集成和存储。现在一般的解决方法是针对特定种类的数据信息分门别类地放置,可以有效地减少数据查询和访问的时间,提高数据提取速度。

大数据预处理的方法主要包括:数据清洗、数据集成、数据变换和数据规约。

(一)数据清洗

数据清洗是在汇聚多个维度、多个来源、多种结构的数据之后,对数据进行抽取、转换和集成加载。在这个过程中,除了更正、修复系统中的一些错误数据之外,更多的是对数据进行归并整理,并储存到新的存储介质中。

1.单数据源定义层

违背字段约束条件(日期出现1月0日)、字段属性依赖冲突(两条记录描述同一个人的某一个属性,但数值不一致)、违反唯一性(同一个主键ID出现了多次)。

2.单数据源实例层

单个属性值含有过多信息、拼写错误、空白值、噪声数据、数据重复、过时数据等。

3.多数据源的定义层

同一个实体的不同称呼(笔名和真名)、同一种属性的不同定义(字段长度定义不一致、字段类型不一致等)。

4.多数据源的实例层

数据的维度、粒度不一致(有的按GB记录存储量,有的按TB记录存储量;有的按照年度统计,有的按照月份统计)、数据重复、拼写错误。

此外,还有在数据处理过程中产生的二次数据,包括数据噪声、数据重复或错误的情况。数据的调整和清洗涉及格式、测量单位和数据标准化与归一化。数据不确定性有两方面含义:数据自身的不确定性和数据属性值的不确定性。前者可用概率描述,后者有多重描述方式,如描述属性值的概率密度函数,以方差为代表的统计值等。

对于数据质量中普遍存在的空缺值、噪声值和不一致数据的情况,可以采用传统的统计学方法、基于聚类的方法、基于距离的方法、基于分类的方法和基于关联规则的方法等来实现数据清洗。

在大数据清洗中,根据缺陷数据类型可分为异常记录检测、空值的处理、错误值的处理、不一致数据的处理和重复数据的检测。其中异常记录检测和重复记录检测为数据清洗的两个核心问题。异常记录检测包括解决空值、错误值和不一致数据的方法。空值的处理一般采用估算方法,例如采用均值、众数、最大值、最小值、中位数填充。但估值方法会引入误差,如果空值较多,会使结果偏离较大;错误值的处理通常采用统计方法来处理,例如偏差分析、回归方程、正态分布等;不一致数据的处理主要体现为数据不满足完整性约束。可以通过分析数据字典、元数据等,整理数据之间的关系进行修正。不一致数据通常是由于缺乏数据标准而产生的。重复数据的检测算法可以分为基于字段匹配的算法、递归的字段匹配算法、Smith-Waterman算法、基于编辑距离的字段匹配算法和改进余弦相似度函数。

大数据的清洗工具主要有DataWrangle和Google Refine等。DataWrangle是一款由斯坦福大学开发的在线数据清洗、数据重组软件。主要用于去除无效数据,将数据整理成用户需要的格式等。Google Refine设有内置算法,可以发现一些拼写不一样但实际上应分为一组的文本。除了数据管家功能,Google Refine还提供了一些有用的分析工具,例如排序和筛选。

(二)数据集成

在大数据领域中,数据集成技术也是实现大数据方案的关键组件。大数据集成是将大量不同类型的数据原封不动地保存在原地,而将处理过程适当地分配给这些数据。这是一个并行处理的过程,当在这些分布式数据上执行请求后,需要整合并返回结果。大数据集成是基于数据集成技术演化而来的,但其方案和传统的数据集成有着巨大的差别。

大数据集成狭义上讲是指如何合并规整数据,广义上讲数据的存储、移动、处理等与数据管理有关的活动都称为数据集成。大数据集成一般需要将处理过程分布到元数据上进行并行处理,并仅对结果进行集成。因为,如果预先对数据进行合并会消耗大量的处理时间和存储空间。集成结构化、半结构化和非结构化的数据时需要在数据之间建立共同的信息联系,这些信息可以表示为数据库中的主数据或者键值,非结构化数据中的元数据标签或者其他内嵌内容。

数据集成时应解决的问题包括数据转换、数据的迁移、组织内部的数据移动、从非结构化数据中抽取信息和将数据处理移动到数据端。

数据转换是数据集成中最复杂和最困难的问题,所要解决的是如何将数据转换为统一的格式。需要注意的是要理解整合前的数据和整合后的数据结构。

数据的迁移是将一个系统迁移到另一个新的系统。在组织内部,当一个应用被新的应用所替换时,就需要将旧系统中的数据迁移到新的应用中。

组织内部的数据迁移是多个应用系统需要在多个来自其他应用系统的数据发生更新时被实时通知。

从非结构化数据中提取信息。当前数据集成的主要任务是将结构化的、半结构化或非结构化的数据进行集成。存储在数据库外部的数据,如文档、电子邮件、网站、社会化媒体、音频及视频文件,可以通过客户、产品、雇员或者其他主数据引用进行搜索。主数据引用作为元数据标签附加到非结构化数据上,在此基础上就可以实现与其他数据源和其他类型数据的集成。

将数据处理移动到数据端。将数据处理过程分布到数据所处的多个不同的位置,这样可以避免冗余。

目前,数据集成已被推至信息化战略规划的首要位置。要实现数据集成的应用,不光要考虑集成的数据范围,还要从长远发展角度考虑数据集成的架构、能力和技术等方面内容。

(三)数据变换

数据变换是将数据转换成适合挖掘的形式。数据变换是采用线性或非线性的数学变换方法将多维数据压缩成较少维数的数据,消除它们在时间、空间、属性及精度等特征表现方面的差异。

数据变换涉及如下内容:①数据平滑。清除噪声数据,去除元数据集中的噪声数据和无关数据,处理遗漏数据和清洗脏数据;②数据聚集。对数据进行汇总和聚集,例如,可以聚集日门诊量数据,计算月和年门诊数;③数据概化。使用概念分层,用高层次概念替换低层次原始数据;⑤规范化。将属性数据按比例缩放,使之落入一个小的特定区间,如[0.0,1.0]。规范化对于某些分类算法特别有用。

(四)数据规约

数据规约是从数据库或数据仓库中选取并建立使用者感兴趣的数据集合,然后从数据集合中滤掉一些无关、偏差或重复的数据。

维归约。通过删除不相关的属性(或维)减少数据量。不仅压缩了数据集,还减少了出现在发现模式上的属性数目。

数据压缩。应用数据编码或变换,得到元数据的归约或压缩表示。数据压缩分为无损压缩和有损压缩。

数值归约。数值归约通过选择替代的、较小的数据表示形式来减少数据量。

离散化和概念分层。概念分层通过收集并用较高层的概念替换较低层的概念来定义数值属性的一个离散化。

本节主要介绍了大数据的采集、大数据采集的数据来源、大数据采集的技术方法和大数据的预处理,以及大数据采集与预处理的一些工具和简单的采集任务执行范例。大数据采集后为了减少及避免后续的数据分析和数据挖掘中会出现的问题,有必要对数据进行预处理。数据的预处理主要是完成对于已经采集到的数据进行适当的处理、清洗、去噪及进一步的集成存储。

第二节 大数据分析

在方兴未艾的大数据时代,人们要掌握大数据分析的基本方法和分析流程,从而探索出大数据中蕴含的规律与关系,解决实际业务问题。

一、大数据分析概述

通过对相应领域大数据的分析,才能挖掘出适合该领域业务的有价值的信息,从而更好地促进相应业务的发展。所以对不同领域大数据的分析尤为重要,是各个领域今后发展的关键所在。

(一)大数据分析

大数据分析是指对规模巨大的数据进行分析。其目的是通过多个学科技术的融合,实现数据的采集、管理和分析,从而发现新的知识和规律。用一个案例来让大家初步认识大数据分析:美国福特公司利用大数据分析促进汽车销售。分析过程如图2-2所示。

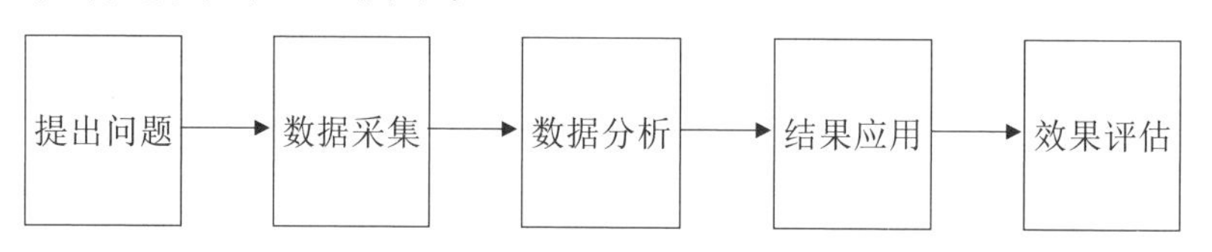

图2-2　福特公司促进汽车销售的大数据分析流程

提出问题。用大数据分析技术来提升汽车销售业绩。一般汽车销售商的普遍做法是投放广告,动辄就是几百万,而且很难分清广告促销的作用到底有多大。大数据技术不一样,它可以通过对某个地区可能会影响购买汽车意愿的元数据进行收集和分析,如房屋市场、新建住宅、库存和销售数据、这个地区的就业率等;还可利用与汽车相关的网站上的数据用于分析:如客户搜索了哪些汽车、哪一种款式、汽车的价格、车型配置、汽车功能、汽车颜色等。

数据采集。分析团队搜索采集所需的外部数据,如第三方合同网站、区域经济数据、就业数据等。

数据分析。对采集的数据进行分析挖掘,为销售提供精准可靠的分析结果,即提供多种可能的促销分析方案。

结果应用。根据数据分析结果实施有针对性的促销计划,如在需求量旺盛的地方有专门的促销计划,哪个地区的消费者对某款汽车感兴趣,相应广告就送到其电子邮箱和地区的报纸上,非常精准,只需要较少费用。①

效果评估。跟传统的广告促销相比,通过大数据的创新营销,福特公司花了很少的钱,做了大数据分析产品,也可叫大数据促销模型,大幅提高了汽车的销售业绩。

(二)大数据分析的基本方法

大数据分析可以分为5种基本方法。

1.预测性分析

大数据分析最普遍的应用就是预测性分析,从大数据中挖掘出有价值的知识和规则,通过科学建模的手段呈现出结果,然后可以将新的数据代入模型,从而预测未来的情况。

例如,麻省理工学院的研究者约翰·古塔格和柯林·斯塔尔兹创建了一个计算机预测模型来分析心脏病患者的心电图数据。他们利用数据挖掘和机器学习在海量的数据中筛选,发现心电图中出现3类异常者一年内死于第二次心脏病发作的概率比未出现者高1~2倍。这种新方法能够预测出更多的、无法通过现有的风险筛查被探查出的高危患者。

2.可视化分析

不管是对数据分析专家还是普通用户,对于大数据分析最基本的要求都是可视化分析,因为可视化分析能够直观地呈现大数据特点,同时能够非常容易被用户所接受,就如同看图说话一样简单明了。可视化可以直观地展示数据,让数据自己说话,让观众听到结果。数据可视化是数据分析工具最基本的要求。

3.大数据挖掘算法

可视化分析结果是给用户看的,而数据挖掘算法是给计算机看的,通过让

①王海涛,毛睿,明仲.大数据系统计算技术展望[J].大数据,2018(2):97-104.

机器学习算法,按人的指令工作,从而呈现给用户隐藏在数据之中的有价值的结果。大数据分析的理论核心就是数据挖掘算法,算法不仅要考虑数据的量,也要考虑处理的速度。目前在许多领域的研究都是在分布式计算框架上对现有的数据挖掘理论加以改进,进行并行化、分布式处理。

常用的数据挖掘方法有分类、预测、关联规则、聚类、决策树、描述和可视化、复杂数据类型挖掘(Text、Web、图形图像、视频、音频)等。有很多学者对大数据挖掘算法进行了研究和文献发表。例如,有文献提出对适合慢性病分类的C4.5决策树算法进行改进,对基于MapReduce编程框架进行算法的并行化改造;有文献提出对数据挖掘技术中的关联规则算法进行研究,并通过引入了兴趣度对Apriori算法进行改进,提出了一种基于MapReduce的改进的Apriori医疗数据挖掘算法;有文献提出在高可靠安全的Hadoop平台上,结合传统分类聚类算法的特点给出一种基于云计算的数据挖掘系统的设计方案。

4.语义引擎

数据的含义就是语义。语义技术是从词语所表达的语义层次上来认识和处理用户的检索请求。

语义引擎通过对网络中的资源对象进行语义上的标注,以及对用户的查询表达进行语义处理,使得自然语言具备语义上的逻辑关系,能够在网络环境下进行广泛有效的语义推理,从而更加准确、全面地实现用户的检索。大数据分析广泛应用于网络数据挖掘,可从用户的搜索关键词来分析和判断用户的需求,从而实现更好的用户体验。

例如,一个语义搜索引擎试图通过上下文来解读搜索结果,它可以自动识别文本的概念结构。如你搜索“选举”,语义搜索引擎可能会获取包含“投票”“竞选”“选票”等文本信息,但是“选举”这个词可能根本没有出现在这些信息来源中。也就是说语义搜索可以对关键词的相关词和类似词进行解读,从而扩大搜索信息的准确性和相关性。

5.数据质量和数据管理

数据质量和数据管理是指为了满足信息利用的需要,对信息系统的各个信息采集点进行规范,包括建立模式化的操作规程,原始信息的校验,错误信息的反馈、矫正等一系列的过程。大数据分析离不开数据质量和数据管理,高质量的数据和有效的数据管理，无论是在学术研究还是在商业应用领域，都能够保证分析结果的真实和有价值。

综上所述，大数据分析的基础就是以上5个方面，如果进行更加深入的大数据分析，还需要更加专业的大数据分析手段、方法和工具的运用。

（三）大数据处理流程

整个处理流程可以分解为提出问题、数据理解、数据采集、数据预处理、数据分析、分析结果的解析等，如图2-3所示。

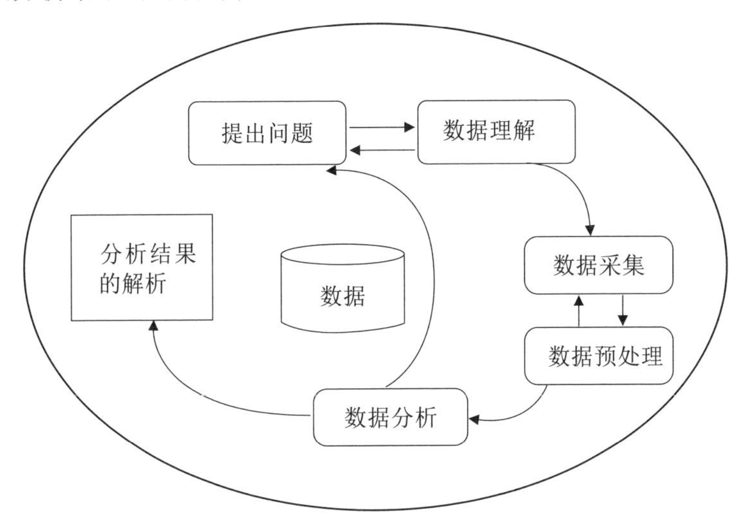

图2-3 大数据分析处理流程

1.提出问题

大数据分析就是解决具体业务问题的处理过程，这需要在具体业务中提炼出准确的实现目标，也就是首先要确定具体需要解决的问题，如图2-4所示。

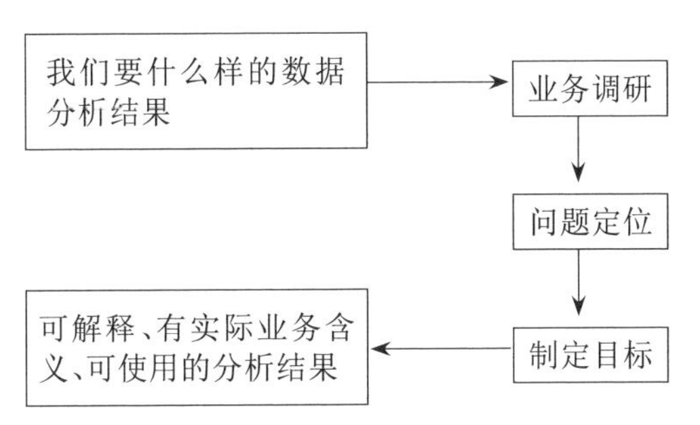

图2-4 提出问题制定分析目标

2.数据理解

大数据分析是为了解决业务问题，理解问题要基于业务知识，数据理解就是利用业务知识来认识数据。如大数据分析“饮食与疾病的关系”“糖尿病与高血压的发病关系”，这些分析都需要对相关医学知识有足够的了解才能理解数据并进行分析。只有对业务知识有深入的理解才能在大数据中找准分析指标和进一步会衍生出的指标，从而抓住问题的本质挖掘出有价值的结果（图2-5）。

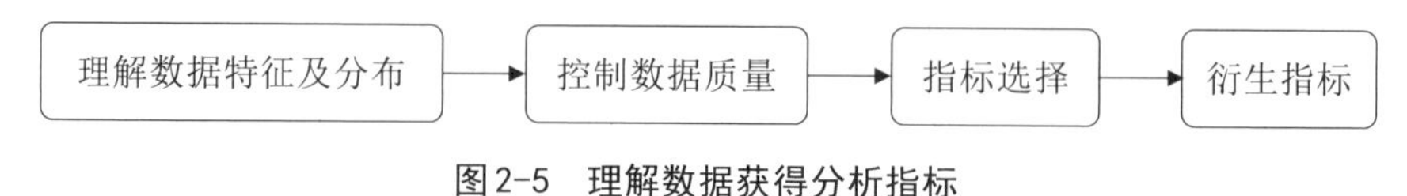

图2-5　理解数据获得分析指标

3.数据采集

传统的数据采集来源单一，且存储、管理和分析数据量也相对较小，大多采用关系型数据库和并行数据仓库即可处理。大数据的采集可以通过系统日志采集方法、对非结构化数据采集方法、企业特定系统接口等相关方式采集。例如利用多个数据库来接收来自客户端（Web、App或者传感器等）的数据，电商会使用传统的关系型数据库MySQL和Oracle等来存储每一笔事务数据，除此之外，Redis和MongoDB这样的NoSQL非结构化数据库也常用于数据的管理。

4.数据预处理

如果要对海量数据进行有效的分析，应该将数据导入一个集中的大型分布式数据库，或者分布式存储集群，并且可以在导入基础上做一些简单的清洗和预处理工作。也有一些用户会在导入时对数据进行流式计算，来满足部分业务的实时计算需求。导入与预处理过程的特点和挑战主要是导入的数据量大，每秒钟的导入量经常会达到百兆，甚至千兆级别。

5.数据分析

数据分析包括对结构化、半结构化及非结构化数据的分析。主要利用分布式数据库，或者分布式计算集群来对存储于其内部的海量数据进行分析，如分类汇总、基于各种算法的高级别计算等，涉及的数据量和计算量都很大。

6.分析结果的解析

对用户来讲最关心的是数据分析结果的解析，对结果的理解可以通过合适的展示方式，如可视化和人机交互等技术来实现。

二、大数据分析的主要技术

大数据分析的主要技术有深度学习、知识计算及可视化等,深度学习和知识计算是大数据分析的基础,而可视化在数据分析和结果呈现的过程中均起作用。

(一)深度学习

1.认识深度学习

深度学习是一种能够模拟出人脑的神经结构的机器学习方式,从而能够让计算机具有人一样的智慧。其利用层次化的架构学习出对象在不同层次上的表达,这种层次化的表达可以帮助解决更加复杂抽象的问题。在层次化中,高层的概念通常是通过低层的概念来定义的,深度学习可以对人类难以理解的低层数据特征进行层层抽象,从而提高数据学习的精度。让计算机模仿人脑的机制来分析数据,建立类似人脑的神经网络进行机器学习,从而实现对数据进行有效表达、解释和学习,这种技术在将来无疑是前景无限的。

2.深度学习的应用

近几年,深度学习在语音、图像以及自然语言理解等应用领域取得一系列重大进展。在自然语言处理等领域主要应用于机器翻译以及语义挖掘等方面,国外的IBM、Google等公司都快速进行了语音识别的研究;国内的阿里巴巴、科大讯飞、百度、中国科学院自动化研究所等公司或研究单位,也在进行深度学习在语音识别上的研究。

深度学习在图像领域也取得了一系列进展。如微软推出的网站how-old,用户可以上传自己的照片估龄。系统根据照片会对瞳孔、眼角、鼻子等27个面部地标点展开分析,判断照片上人物的年龄。百度在此方面也做出了很大的成绩,由百度牵头的分布式深度机器学习开源平台面向公众开放,该平台隶属于名为“深盟”的开源组织,该组织核心开发者来自百度深度学习研究院(IDL)、微软亚洲研究院、华盛顿大学、纽约大学、中国香港科技大学、卡耐基梅隆大学等知名公司和高校。

(二)知识计算

1.认识知识计算

知识计算是从大数据中首先获得有价值的知识,并对其进行进一步深入的计算和分析的过程。也就是要对数据进行高端的分析,需要从大数据中

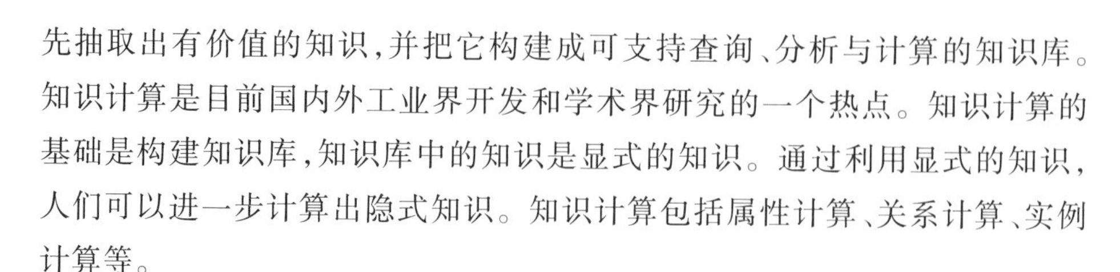

先抽取出有价值的知识，并把它构建成可支持查询、分析与计算的知识库。知识计算是目前国内外工业界开发和学术界研究的一个热点。知识计算的基础是构建知识库，知识库中的知识是显式的知识。通过利用显式的知识，人们可以进一步计算出隐式知识。知识计算包括属性计算、关系计算、实例计算等。

2.知识计算的应用

目前，世界各个组织建立的知识库多达50余种，相关的应用系统更是达到了上百种。如维基百科等在线百科知识构建的知识库；Wolfram的知识计算平台WolframAlpha；Google创建了又大又全面的知识库，名为Knowledge Vault，它通过算法自动搜集网上信息，通过机器学习把数据变成可用知识。目前，Knowledge Vault已经收集了16亿件事实。知识库除了改善人机交互之外，也会推动现实增强技术的发展，Knowledge Vault可以驱动一个现实增强系统，让我们从头戴显示器上了解现实世界中的地标、建筑、商业网点等信息。知识图谱泛指各种大型知识库，是把所有不同种类的信息连接在一起而得到的一个关系网络。这个概念最早由Google提出，提供了从关系的角度去分析问题的能力，知识图谱就是机器大脑中的知识库。

（三）可视化

可视化是帮助大数据分析用户理解数据及解析数据分析结果的有效方法。可以帮助人们分析大规模、高维度、多来源、动态演化的信息，并辅助做出实时的决策。大数据可视化的主要手段有数据转换和视觉转换。其主要方法有：①对信息流压缩或者删除数据中的冗余来对数据进行简化；②设计多尺度、多层次的方法实现信息在不同的解析度上的展示；③把数据存储在外存，并让使用户可以通过交互手段方便地获取相关数据；④新的视觉隐喻方法以全新的方式展示数据。如“焦点+上下文”方法，它重点对焦点数据进行细节展示，对不重要的数据则简化表示，例如鱼眼视图。

三、大数据分析处理系统简介

由于大数据来源广泛、种类繁多、结构多样且应用于众多不同领域，所以针对不同业务需求的大数据，应采用不同的分析处理系统。

(一)批量数据及处理系统

1. 批量数据

批量数据通常是指数据体量巨大,如数据从TB级别跃升到PB级别,且是以静态的形式存储。这种批量数据往往是从应用中沉淀下来的数据,如医院长期存储的电子病历等。对这样数据的分析通常使用合理的算法,才能进行数据计算和价值发现。大数据的批量处理系统适用于先存储后计算、实时性要求不高、但数据的准确性和全面性要求较高的场景。

2. 批量数据分析处理系统

Hadoop是典型的大数据批量处理架构,由HDFS负责静态数据的存储,并通过MapReduce将计算逻辑、机器学习和数据挖掘算法实现。MapReduce的工作原理实质是先分后合的处理方式,Map进行分解,把海量数据分割成若干部分,分割后的部分发给不同的处理机进行联合处理,而Reduce进行合并,把多台处理机处理的结果合并成最终的结果。

(二)流式数据及处理系统

1. 流式数据

流式数据是一个无穷的数据序列,序列中的每一个元素来源不同,格式复杂,序列往往包含时序特性。在大数据背景下,流式数据处理常见于服务器日志的实时采集,将PB级数据的处理时间缩短到秒级。数据流中的数据格式可以是结构化的、半结构化的甚至是非结构化的,数据流中往往含有错误元素、垃圾信息等,因此流式数据的处理系统要有很好的容错性及不同结构的数据分析能力,还能完成数据的动态清洗、格式处理等。

2. 流式数据分析处理系统

流式数据处理有Twitter的Storm、Facebook的Scribe、LinkedIn的Samza等。其中Storm是一套分布式、可靠、可容错的用于处理流式数据的系统。其流式处理作业被分发至不同类型的组件,每个组件负责一项简单的、特定的处理任务。

Storm系统有其独特的特性:①简单的编程模型。Storm提供类似于MapReduce的操作,降低了并行批处理与实时处理的复杂性。②容错性。在工作过程中,如果出现异常,Storm将以一致的状态重新启动处理以恢复正确状态。③水平扩展。Storm拥有良好的水平扩展能力,其流式计算过程是在多个线程和服务器之间并行进行。④快速可靠的消息处理。Storm利用ZeroMQ作为消息队列，极大地提高了消息传递的速度，任务失败时，它会负责从消息源重试消息。

(三)交互式数据及处理系统

1.交互式数据

交互式数据是操作人员与计算机以人机对话的方式一问一答的对话数据，操作人员提出请求，数据以对话的方式输入，计算机系统便提供相应的数据或提示信息，引导操作人员逐步完成所需的操作，直至获得最后处理结果。交互式数据处理灵活、直观，便于控制。采用这种方式，存储在系统中的数据文件能够被及时处理修改，同时处理结果可以立刻被使用。

2.交互式数据分析处理系统

交互式数据分析处理系统有Berkeley的Spark和Google的Dremel等。Spark是一个基于内存计算的可扩展的开源集群计算系统。针对MapReduce的不足，即大量的网络传输和磁盘I/O使得效率低效，Spark使用内存进行数据计算以便快速处理查询实时返回分析结果。Spark提供比Hadoop更高层的API，同样的算法在Spark中的运行速度比Hadoop快10~100倍。Spark在技术层面兼容Hadoop存储层API、可访问HDFS、SequenceFile等。Spark Shell可以开启交互式Spark命令环境，能够提供交互式查询。

(四)图数据及处理系统

1.图数据

图数据是通过图形表达出来的信息含义。图自身的结构特点可以很好地表示事物之间的关系。图数据中主要包括图中的节点以及连接节点的边。图数据是无法使用单台机器进行处理的，但如果对图数据进行并行处理，对于每一个顶点之间都是连通的图来讲，难以分割成若干完全独立的子图进行独立的并行处理，即使可以分割，也会面临并行机器的协同处理以及将最后的处理结果进行合并等一系列问题。这需要图数据处理系统选取合适的图分割以及图计算模型来满足要求。

2.图数据分析处理系统

图数据处理有一些典型的系统，如Google的Pregel系统和微软的Trinity系统。Trinity是微软推出的一款建立在分布式云存储上的计算平台,可以提供高度并行查询处理、事务记录、一致性控制等功能。Trinity主要使用内存存储,磁盘仅作为备份存储。

Trinity有以下特点:①数据模型是超图。超图中,一条边可以连接任意数目的图顶点,此模型中图的边称为超边,超图比简单图的适用性更强,保留的信息更多。②并发性。Trinity可以配置在一台或上百台计算机上,Trinity提供了一个图分割机制。③具有数据库的一些特点。Trinity是一个基于内存的图数据库,有丰富的数据库特点。④支持批处理。Trinity支持大型在线查询和离线批处理,并且支持同步和不同步批处理计算。

总之,面对大数据,各种处理系统层出不穷,各有特色。总体来说,数据处理平台多样化,国内外的互联网企业都在基于开源性面向典型应用的专用化系统进行开发。

四、大数据分析的应用

大数据分析在各个领域都有广泛的应用,下面以互联网和医疗领域为例,介绍大数据的应用。

(一)互联网领域大数据分析的典型应用

用户行为数据分析。如精准广告投放、内容推荐、行为习惯和喜好分析、产品优化等。

用户消费数据分析。如精准营销、信用记录分析、活动促销、理财等。

用户地理位置数据分析。如O2O推广、商家推荐、交友推荐等。

互联网金融数据分析。如小额贷款、支付、信用、供应链金融等。

用户社交等数据分析。如趋势分析、流行元素分析、受欢迎程度分析、舆论监控分析、社会问题分析等。

(二)医疗领域大数据分析的典型应用

1.公共卫生

分析疾病模式和追踪疾病暴发及传播方式途径,提高公共卫生监测和反应速度。更快更准确地研制靶向疫苗,例如,开发每年的流感疫苗。

2.循证医学

结合和分析各种结构化和非结构化数据、电子病历、财务及运营数据、临床资料和基因组数据,用以寻找与病症信息相匹配的治疗,预测疾病的高危患者,提供更多高效的医疗服务。

3.基因组分析

更有效和低成本地执行基因测序,使基因组分析成为正规医疗保健决策的必要信息并纳入患者病历记录。

4.设备远程监控

从住院和家庭医疗装置采集和分析实时大容量的快速移动数据,用于安全监控和不良反应的预测。

5.患者资料分析

全面分析患者个人信息(例如,分割和预测模型),找到能从特定措施中获益的个人。例如,某些疾病的高危患者可以从预防措施中受益。这些人如果拥有足够的时间提前有针对性地预防病情,那么大多数的危害可以降到最低程度,甚至可以完全消除。

6.预测疾病或人群的某些未来趋势

如预测特定患者的住院时间,哪些患者会选择非急需性手术,哪些患者不会从手术治疗中受益,哪些患者会更容易出现并发症等。资料显示,单就美国而言,医疗大数据的利用每年可以为医疗开支节省出3000亿美元。

7.临床操作

相对更有效的医学研究,发展出临床相关性更强和成本效益更高的方法用来诊断和治疗患者。

8.药品和医疗器械方面

建立更低磨损度、更精简、更快速、更有针对性的研发产品线。

9.临床试验

在产品进入市场前发现患者对药物医疗方法的不良反应。

总之,大数据分析为处理结构化与非结构化的数据提供了新的途径,这些分析在具体应用上还有很长的路要走,在未来的日子里将会看到更多的产品和应用系统在生活中出现。

我们已经走进了大数据时代,挖掘隐含在大数据中的规律和关系是人们的渴望。由于大数据自身隐藏的价值,在此领域开展相关问题的分析研究,必将产生深远的社会意义和效益,对未来社会的发展也将产生重大的推动作用。

因此,通过本章内容的学习,可以学会大数据分析的方法,掌握大数据分析的一般流程与主要技术,为大数据的分析应用贡献力量。

第三节 大数据可视化

大数据可视化是一个崭新的领域,对于可视化研究的重点在于仔细研究数据,让大多数人了解大数据背后蕴含的信息。

一、大数据可视化概述

大数据时代不仅处理着海量的数据,同时也加工、传播和分享着它们。而大数据可视化是正确理解数据信息的最好方法。大数据可视化让数据变得更加可信,它可以被看作是一种媒介,像文字一样为人们讲述着各种各样的故事。

(一)数据可视化与大数据可视化的区别

数据可视化是关于数据的视觉表现形式的科学技术研究。其中,这种数据的视觉表现形式被定义为一种以某种概要形式抽提出来的信息,包括相应信息单位的各种属性和变量。

我们常见的那些柱状图、饼图、直方图、散点图等是最原始的统计图表,也是数据可视化最基础、最常见的应用。

因为这些原始统计图表只能呈现基本的信息,所以当面对复杂或大规模结构化、半结构化和非结构化数据时,大数据可视化的流程要复杂很多,具体实现的流程如图2-6所示。

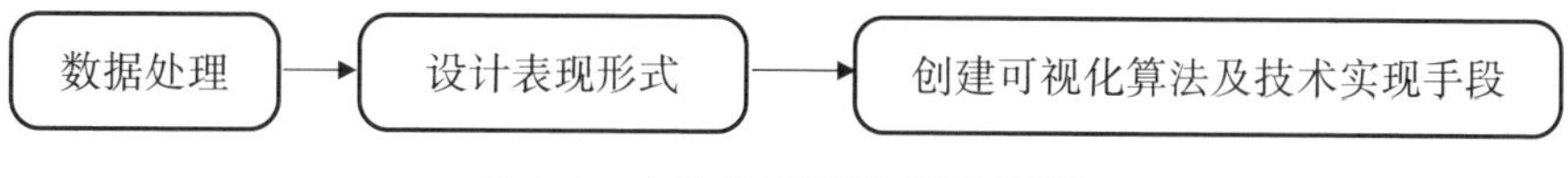

图2-6　大数据可视化实现的流程

其具体描述是:首先要经历包括数据采集、数据分析、数据管理、数据挖掘在内的一系列复杂数据处理;然后由设计师设计一种表现形式,如立体的、二维的、动态的、实时的或者交互的表现形式;最终由工程师创建对应的可视化算法及技术实现手段,包括建模方法、处理大规模数据的体系架构、交互技术等。一个大数据可视化作品或项目的创建，需要多领域专业人士的协同工作才能取得成功。[①]

所以，大数据可视化可以理解为数据量更加庞大、结构更加复杂的数据可视化。例如图2-7展示的是非洲大型哺乳动物种群的稳定性和濒危状况。图中面朝左边的动物数量正在不断减少，而面朝右边的动物状况则比较稳定，其中有些动物的数量还有所增加。因此，在数据急剧增加的背景下，大数据可视化就显得尤为重要。

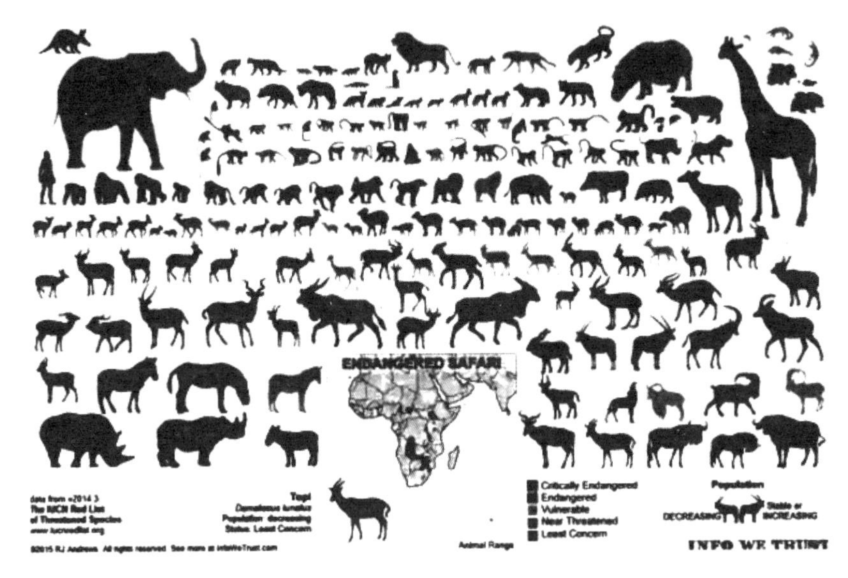

图2-7　非洲大型哺乳动物种群的稳定性和濒危状况

综合以上描述，现将大数据可视化与数据可视化做以下比较。如表2-1所示。

表2-1　大数据可视化与数据可视化的比较

项目	大数据可视化	数据可视化
数据类型	结构化、半结构化、非结构化	结构化
表现形式	多种形式	主要是统计图表
实现手段	各种技术方法、工具	各种技术方法、工具
结果	发现数据中蕴含的规律特征	注重数据及其结构关系

①张龙翔，曹云鹏，王海峰．面向大数据复杂应用的GPU协同计算模型[J]．计算机应用研究，2020(7):2049-2053.

(二)大数据可视化

大数据可视化的过程主要有以下9个方面。

1.数据的可视化

数据可视化的核心是采用可视化元素来表达原始数据,例如,通常柱状图利用柱子的高度来反映数据的差异。

2.指标的可视化

在可视化的过程中,采用可视化元素的方式将指标可视化,会将可视化的效果增强很多,例如对QQ群大数据资料进行可视化分析中,数据用各种图形的方式展示。

3.数据关系的可视化

在数据可视化方式、指标可视化方式确立以后,就需要进行数据关系的可视化。这种数据关系往往也是可视化数据核心表达的主题宗旨,例如研究操作系统的分布。

4.背景数据的可视化

很多时候,只有原始数据是不够的,因为数据没有价值,信息才有价值。例如设计师马特·罗宾森和汤姆·维格勒沃斯用不同的圆珠笔和字体写“Sample”这个单词。因为不同字体使用墨水量不同,所以每支笔所剩的墨水也不同。于是就产生了一幅有趣的图形,在这幅图中不再需要标注坐标系,因为不同的笔及其墨水含量已经包含了这个信息。

5.转换成便于接收的形式

数据可视化的功能包括数据的记录、传递和沟通,之前的操作实现了记录和传递,但是沟通可能还需要优化,这种优化就包括按照人的接收模式、习惯和能力,甚至还需要考虑显示设备的能力,然后进行综合改进,这样才能更好地达到被接收的效果。例如对刷机用户所使用系统满意度的调查,其中适当增加一些符号可能更容易被接收。

6.聚焦

所谓聚焦就是利用一些可视化手段,把那些需要强化的小部分数据、信息,按照可视化的标准进行再次处理。

提到聚焦就必须讲讲大数据。因为是大数据,所以很多时候数据、信息、符号对于接收者而言是超负荷的,可能就分辨不出来了,这时我们就需要在原来的可视化结果基础上再进行优化。

7.集中或者汇总展示

为了更好地掌握情况，可以将图表汇总展示，这样在掌控全局的基础上，很容易抓住所有焦点，再进行逐一处理。

8.扫尾的处理

在之前的基础上，还可以进一步修饰。这些修饰是为了让可视化的细节更为精准。比较典型的工作包括设置标题，表明数据来源，对过长的柱子进行缩略处理，进行表格线的颜色、各种字体、图素粗细、颜色设置等。

9.完美的风格化

所谓风格化就是标准化基础上的特色化，而真正做到风格化，还是有很多不同的操作，例如布局、用色、图素、常用的图表、信息图形式、数据、信息维度控制、典型的图标，甚至动画的时间、过渡等，从而让用户可以直观地理解。

二、大数据可视化工具

传统的数据可视化工具仅仅是将数据加以组合，通过不同的展现方式提供给用户，用于发现数据之间的关联信息。随着云和大数据时代的来临，数据可视化产品已经不再满足于使用传统的数据可视化工具来对数据仓库中的数据进行抽取、归纳并简单的展现。大数据可视化产品必须满足互联网的大数据需求，快速地收集、筛选、分析、归纳、展现决策者所需要的信息，并根据新增的数据进行实时更新。因此，在大数据时代，大数据可视化工具必须具有以下特性：①实时性。大数据可视化工具必须适应大数据时代数据量的爆炸式增长需求，快速地收集分析数据并对数据信息进行实时更新。②简单操作。大数据可视化工具满足快速开发、易于操作的特性，能满足互联网时代信息多变的特点。③更丰富的展现。大数据可视化工具需具有更丰富的展现方式，能充分满足数据展现的多维度要求。④多种数据集成支持方式。数据的来源不仅仅局限于数据库，大数据可视化工具将支持团队协作数据、数据仓库、文本等多种方式，并能够通过互联网进行展现。

(一)常见大数据可视化工具简介

现在已经出现了很多大数据可视化的工具，从最简单的Excel到复杂的编程工具，以及基于在线的大数据可视化工具、三维工具、地图绘制工具等，正逐步改变着人们对大数据可视化的认识。

1. 入门级工具

入门级工具是最简单的大数据可视化工具，只要对数据进行一些复制粘贴，直接选择需要的图形类型，然后稍微进行调整即可。表2-2是常见入门级工具各自特点的归纳。

表2-2 常见入门级工具

工具	特点
Excel	操作简单；快速生成图表；很难制作出能符合专业出版物和网站需要的数据图
Google Spreadsheets	Excel的云版本；增加了动态、交互式图表；支持的操作类型更丰富；服务器负载过大时，运行速度变得缓慢

2. 在线工具

目前，很多网站都提供在线的大数据可视化工具，为用户提供在线的大数据可视化操作。常见的工具如表2-3所示。

表2-3 常见在线工具

工具	特点
Google Chart API	包含大量图表类型，内置了动画和交互控制，不支持JavaScript的设备无法使用
Flot	线框图表库，开源的JavaScript库，操作简单，支持多种浏览器
Raphael	创建图表和图形的JavaScript库
D3（Data Driven Documents）	JavaScript库，提供复杂图表样式
Visually	提供了大量信息图模板

3. 三维工具

大数据可视化的三维工具，可以设计出Web交互式三维动画的产品。常见三维工具如表2-4所示。

表2-4 常见三维工具

工具	特点
Three.js	开源的JavaScript 3D引擎，低复杂、轻量级的3D库
PhiloGL	WebGL开源框架，强大的API

4. 地图工具

地图工具是一种非常直观的大数据可视化方式，绘制此类数据图的工具也很多。常见地图工具如表2-5所示。

表2-5　常见地图工具

工具	特点
Google Maps	基于JavaScript和Flash的地图API，提供多种版本
Modest Maps	开源项目，最小地图库，Flash和Action Script的区块拼接地图函数库
Poly Maps	一个地图库，具有类似CSS样式表的选择器
Open Layers	可靠性最高的地图库
Leaflet	支持HTML5，轻松使用OpensStreetMap的数据

5. 进阶工具

进阶工具通常提供桌面应用和编程环境。常见进阶工具如表2-6所示。

表2-6　常见进阶工具

工具	特点
Processing	轻量级的编程环境，制作编译成Java的动画和交互功能的图形，桌面应用，几乎可在所有平台上运行
Nodebox	开源图形软件，支持多种图形类型

6. 专家级工具

如果要进行专业的数据分析，就必须使用专家级的工具。常见专家工具如表2-7所示。

表2-7　常见专家级工具

工具	特点
R	一套完整的数据处理、计算和制图软件系统，非常复杂
Weka	基于Java环境下开源的机器学习及数据挖掘软件
Gephi	开源的工具，能处理大规模数据集，生成漂亮的可视化图形，能对数据进行清洗和分类

（二）Tableau数据可视化

Tableau是一款功能非常强大的可视化数据分析软件，其定位是数据可视化的商务智能展现工具。可以用来实现交互的、可视化的分析和仪表盘分析应用。就和Tableau这个词的原意一样，带给用户美好的视觉感官。

Tableau的特性包括:①自助式BI(商业智能),IT人员提供底层的架构,业务人员创建报表和仪表盘。Tableau允许操作者将表格中的数据转变成各种可视化的图形、强交互性的仪表盘并共享给企业中的其他用户。②友好的数据可视化界面,操作简单,用户通过简单的拖拽发现数据背后所隐藏的业务问题。③与各种数据源之间实现无缝连接。④内置地图引擎。⑤支持两种数据连接模式,Tableau的架构提供了两种方式访问大数据量:内存计算和数据库直连。⑥灵活的部署,适用于各种企业环境。

Tableau全球拥有1万多名客户,分布在全球100多个国家和地区,应用领域遍及商务服务、能源、电信、金融服务、互联网、生命科学、医疗保健、制造业、媒体娱乐、公共部门、教育、零售等各个行业。

Tableau有桌面版和服务器版。桌面版包括个人版开发和专业版开发,个人版开发只适用于连接文本类型的数据源;专业版开发可以连接所有数据源。服务器版可以将桌面版开发的文件发布到服务器上,共享给企业中其他的用户访问,能够方便地嵌入到任何门户或者Web页面中。

1.连接数据

启动Tableau后要做的第一件事是连接数据。

第一,选择数据源。在Tableau的工作界面的左侧显示可以连接的数据源。

第二,打开数据文件。以Excel文件为例,选择Tableau自带的工作表文件。

第三,设置连接。将工作表拖至连接区域就可以开始分析数据了。例如将“订单”工作表拖至连接区域,然后单击工作表选项卡开始分析数据。

2.构建视图

连接到数据源之后,字段作为维度和度量显示在工作簿左侧的数据窗格中。将字段从数据窗格拖放到功能区来创建视图。

第一,将维度拖至行、列功能区。

第二,将度量拖至“文本”。例如将数据窗格左侧中“度量”区域里的“销售额”拖至窗格“标记”中的“文本”标记卡上。

第三,显示数据。

从数据窗格“维度”区域中将“地区”拖至“颜色”标记卡上,不同地区的数据就会以不同的颜色显示,从而可以快速挑出业绩最好和最差的产品类别、地区和客户细分。

3.创建仪表板

当对数据集创建了多个视图后,就可以利用这些视图组成单个仪表板。

第一,新建仪表板。单击显示屏下方中的“新建仪表板”按钮,打开仪表板。然后在“仪表板”的“大小”列表中适当调整大小。

第二,添加视图。将仪表板中显示的视图依次拖入编辑视图中。

4.创建故事

使用Tableau故事点,可以显示事实间的关联、提供前后关系,以及演示决策与结果之间的关系。

新建故事、创建故事点。单击“故事”→“新建故事”,打开故事视图。从“仪表板和工作表”区域中将视图或仪表板拖至中间区域。

在导航器中,单击故事点可以添加标题。单击“新空白点”添加空白故事点,继续拖入视图或仪表板。单击“复制”创建当前故事点的副本,然后可以修改该副本。

5.发布工作簿

保存工作簿。可以通过“文件”、“保存”或者“另存为”命令来完成,或者单击工具栏中的“保存”按钮。

发布工作簿。可以通过“服务器”“发布工作簿”来实现。对于Tableau工作簿的发布方式有多种,其中发布工作簿最有效的方式是发布到Tableau Online和Tableau Server。Tableau发布的工作簿是最新、安全、完全交互式的,可以通过浏览器或移动设备观看。

第三章 基于大数据的数字地图电波传播预测计算软件的设计与应用

第一节 无线电波传播特性及传播模型

一、无线信道基本概念

无线信道是指在无线通信中天线与接收天线之间的无线电波路径。无线电波在传输过程中,从开始到结束采集并没有可见的连接,传输路径不止一条。为了描述过程之间的开始和结束的收集,两者之间有一条无形的路径是连通的,称为信道。

研究无线通信系统首先要研究无线信道的性能,无线信道和有线信道在形式上就存在很大差别,无线信道是不可观察到的,并且并不是固定在某处,很不稳定,因此很难预测计算,其中信号的衰减会随着接收方的移动快慢而产生很大的变化。移动无线通信系统的规划首先要对无线信道进行建立模型来仿真研究,这也是一个很难解决的问题。

二、移动通信的传播环境

电波传播特性会随着传播环境的改变而随之改变,地形地貌因素是研究移动信道考虑的首要因素。从地形来分析,地形主要有两种情况:准平坦地形以及不规则地形。一般区域地形起伏度小于20m,而且其变化趋势相对平滑的是准平坦地形;而不规则地形是地形起伏度较大且变化趋势比较大,例如盆地地形、山地地区、陡峭的山区等。一般用地形起伏度 Ah 来衡量一个地形变化幅度的标准。①

对电波传播产生影响除了提到的地形外,森林树木分布的情况和建筑分布等也都会有影响。可以按照地面上树木和建筑物体分布疏密情况把传播环

①孔飞．无线电波传播中受到空间环境的影响分析[J]．中国新通信,2019(19):68.

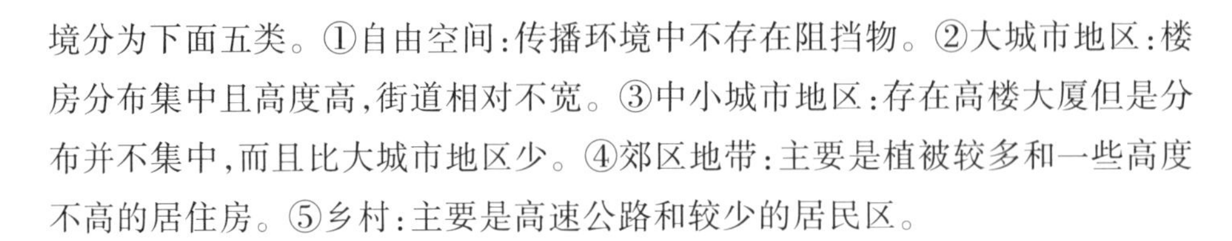

境分为下面五类。①自由空间:传播环境中不存在阻挡物。②大城市地区:楼房分布集中且高度高,街道相对不宽。③中小城市地区:存在高楼大厦但是分布并不集中,而且比大城市地区少。④郊区地带:主要是植被较多和一些高度不高的居住房。⑤乡村:主要是高速公路和较少的居民区。

三、移动无线环境传播机理

(一)无线电波传播概述

电波传播主要分为反射、绕射和散射。蜂窝系统主要应用在人流量和居民较多的地方,因此,在收发天线之间并不存在直达的视距传播路径,而且由于建筑物的分布会引起绕射效应的衰减。同时由于多径效应和传播距离的增加都会引起电磁波能量的损耗。

视距传播一般是直射影响传播。当视距传播距离障碍物很远时发生的是自由空间传播,发生的损耗就是自由空间的路径损耗。

反射现象主要是由于电波传播遇到的物体比传播波长大很多,例如障碍物体的表面、地面等。其中地球曲率的影响主要发生在传播距离很远时。一般当传播距离在几千米以内则忽略地球曲率造成的衰落,当作光滑地形的反射考虑。其中反射系数是主要影响反射波的因素,反射系数涉及的参数有入射角、极化方式等。

绕射现象主要是由于发射机和接收机之间存在障碍物的阻挡,在整个空间中出现由阻挡物产生的二次波,甚至在视距路径不存在时,其中绕过阻挡物所产生的弯曲波主要是发生在阻挡物体的阴影区域内。其中绕射系数是影响绕射波的主要因素,绕射系数涉及的参数有绕射障碍物的尺寸、相位等。

当室外向室内传播时主要发生透射现象,由于透射的影响很小,因此往往不予考虑。

散射现象主要是电波传播过程中散射体的尺寸小于波长,主要由一些物体比较小、表面比较粗糙或者其他一些不规则物体造成的,散射体主要有广告牌、树叶等一些物体。

(二)自由空间路径损耗

自由空间是一种相对理想的传播空间,一般很难满足自由空间传播的条件,电波传播规律服从以下公式:

$$P_{loss}(dB) = 10\lg\frac{p_t}{p_r} = -10\lg\left[\frac{G_tG_r\lambda^2}{(4\pi)^2d^2}\right]$$

公式中,P_{loss}表示功率损耗,p_t和p_r分别表示发射功率与接收功率,G_t和G_r分别表示发射天线和接收天线增益,d表示传播距离。

从公式中可以得出,当电波传播在自由空间时路径损耗与天线增益呈正比例关系,与传播的距离的平方呈反比例关系。当只考虑电波传播的空间环境时,上式公式可以简化为下式:

$$P_{loss}(dB) = 10\lg\frac{p_t}{p_r} = -10\lg\left[\frac{\lambda^2}{(4\pi)^2d^2}\right]$$

自由空间传播主要是指发射机与接收机之间不存在障碍物的传播,是传播过程最不复杂的一种情形。自由空间是一种理想的传播空间,但是往往在应用中将其作为其他环境的一种衡量标准。在自由空间中距离发射机dkm处的电波辐射功率密度为:

$$\rho = \frac{P_tG_t}{4\pi d^2}$$

公式中P_t,为发射功率,G_t为发射天线增益。

假设接收天线的增益为G_r,有效面积A为:

$$A = G_r\frac{\lambda^2}{4\pi}$$

因此,接收机处的接收功率为:

$$P_r = \rho A = P_tG_tG_r(\frac{\lambda}{4\pi d})^2$$

由上式可以得出,接收功率随着传播距离的平方的增加而减小。

(三)多径衰落

一般的衰落中存在多种衰落的现象。伴随着移动平台的移动,多径衰落的衰减程度与信号的实时值变化的幅度有关,所以称为快衰落或者瑞利衰落。然而慢衰落的衰减幅度是根据信号统计的平均值而变化。快衰落和慢衰落是导致接收信号能量波动较大的首要原因,并且导致接收信号衰减幅度很大。

在一些蜂窝移动通信中,在基站和接收机之间的直接视距被一些高的建筑物阻挡住,因此两者之间并不是直接视距通信的,而是通过其他方式和传播途径传播的。在高频段,发送端和接收端发生折射,通过信号分量的合成复驻波,各个分量变化的趋势影响着驻波强度的变化趋势。其产生的场强会随着距离的变化有20~30分贝的衰落,最小的衰落值和最大的衰落值表现的位置近似相差1/4波长。多径衰落的现象正是因为存在多条传播路径引起场强的衰落。

大量实验研究表明,信号的实时值由快衰落的变化而产生波动,而随着位置的改变其他地区变化比较缓慢,该变化也就是慢衰落变化,阴影衰落是影响该变化的主要原因。阴影效应主要是由电波传播经过的路径上存在一些高度较大的建筑物体、树木等一些障碍物引起的。该阴影效应会引起接收场的场强值发生变化。

移动台周围的地理环境,包括阻挡物的高度与分布紧密程度、天线的高度与布局、地形的不规则程度等都会影响慢衰落变化的幅度,其变化的程度并不涉及频率的影响。

第二节 数字地图的软件实现

一、数字地图的基本概念

(一)数字地图的概念

数字地图是基于地图数据库综合使用的测绘知识、数字图像处理技术、数据挖掘、专家系统和信息技术等。数字化地图处理的结果以二进制形式存放在计算机的硬盘资源上,可以将电子地图显示在屏幕上。与印刷纸地图相比,数字地图可以携带更大容量的信息传播,使用丰富的坐标、线和记录形式,数字地图可以更丰富生动地描述地形。

数字地图主要是基于认知语言学理论、分析、应用、信息传输理论等。知识对象索引词具有丰富的语义特征,并显示在地图上的地理信息、实体或符号。主要包括地理坐标信息、地面物体的名称、信息的准确性和地图空间拓扑关系等。

数字化地图称为数字地图,目前主要把资源存储在硬件设备或者可携带的U盘等工具上,每种资源需要特定的仿真软件来显示结果和分析。数字地图显示内容可以由用户交互操作,是可调节的、动态的,信息的数量远远大于正常地图。数字地图能够实现对传统的地图进行一系列的修改操作,与二维纸质地图相比,前者除了可以直接生成三维立体图像,也可以显示等高线、等值线。

(二)数字地图制作的过程

数字地图的制作主要分为三个过程:地理信息的提取、地理数据的处理和地图的输出。

1.地理信息的提取

地理信息提取是指将现有地图图像信息处理成为一个计算机可以存储、读取的数据格式。数据一般根据包含的内容分为特征数据和图像数据,其中图像数据包含一些地理位置信息或者栅格的数据结构。特征数据是指实体非空间属性的信息。根据结构不同将它们存储在一个特定的数据结构,为了方便图形的输出形式,必须将空间信息进行转换,并按照标准建立数据库或者数据文件。

2.地理数据的处理

地理数据的处理是指将地图坐标系转换、比例尺调整、数据信息分析等一系列处理,这部分工作主要是对地图数据先进行分析,为数字地图的最后输出提供数据的支持。

3.地图的输出

地图的输出是将处理后的地图数据转换成数字地图,并在显示器的屏幕上显示,或通过绘图仪、打印机等以纸质输出。其中还包括各种统计图表、文章说明以及综合评价数据附属信息。

(三)数字地图的分类

数字地图根据概念和来源可以分为不同的类型:数字影像地图、数字矢量地图、数字栅格地图、专题图、高程模拟图等。

1.数字栅格地图

数字栅格地图是不同尺寸的纸质地理图形和不同彩图的数字化地图,每幅图通过一系列的校正以后,与栅格格式数据文件的标准相同,如显示结果的彩带信息、显示图形的准确度等,与实际地图信息相同。栅格格式的数据按照一定的排列方式排放,其中每个数据点的坐标信息、显示的高度或者图形的彩带值构成数据的具体内容,其中数据结构按照一定的顺序存取数据的内容,其中结构体首部主要记录数据的二维信息、行列数、网格间距等。栅格数据一般对数据压缩或者按照其他结构顺序存储以减少占有空间资源。

2.数字矢量地图

矢量地形图是指以矢量方式表示并以矢量数据结构存储的数字地图。为了对地图进行一系列操作,如地图的缩小、在地图上对任意位置的搜索、在地图上添加其他地图等,必须对地图进行格式转换,一般转换成矢量格式的数据文件更有利于上面的操作,该格式的地图比一般格式的地图生成要快,并且能完成地理信息系统需要的一些空间分析操作,更方便用户对地图的使用,能根据用户选择的位置快速显示位置的地理信息。

矢量数据主要以点、线和面显示图形。其基本格式单元是由不同分类和分布位置组成的。地图的组成可以按照一定的结构顺序组成,其中地图某块区域由多个相同尺寸的图幅构成,图幅又由许多图层组成,图层最终由相同属性的数据信息单元构成。矢量数据与栅格数据相比的优点是数据布局紧密、重复率少,而且网络搜索的速度要快,并且地图显示的准确度高又清晰。缺点是实现起来相对烦琐,复杂图形的添加并不简单,数据单元包含的数据量多,坐标转换需要更多的时间。

3.数字影像地图

数字影像地图的影像一般是通过获得影射像片进行修改而得到的。符号和注记是按照一定的标准添加到影像上,其一般可以根据内容分成两种:特殊影像地图和一般影像地图。影像是以传输地理环境特征为主体,代替传统的符号显示直接从影像上得出具体的地理信息;以符号和注记方式表示的只有当一些影像不能显示或者有困难的内容。相对于普通地图的地图显示,影像地图显示的地理环境更加清晰,其中很多细节的地方能够很好地展现出来,比一般地图能显示更多的有价值信息。计算地理环境用单一的注记并不能完全显示地理信息,避免了只用影像显示地物不够的缺点,减轻了地图生成的工作量,减少了地图生成的时间。由于这些优点,数字影像地图在显示实际地理环境的地形时有独特的显示效果,很好地反映了地理环境的区域信息。

二、ArcGIS Engine组件技术

ArcGIS是ESRI综合了GIS与各种目前主流的信息获取和信息的处理、存储、交互等技术,成功地研制出了功能体系完整的GIS产品。ArcGIS功能丰

富,涉及的应用领域十分广,能很好地满足用户的功能需求。ArcGIS的功能基本能够满足用户的需求,不论是后端、前端或者在户外,比如地方GIS业务逻辑布局。

ArcGIS Engine主要有两个应用构成,该应用都是为了使其能够满足开发者的需求,一个是开发所需要的工具包,工具包主要包括开发时所需要的一些组件,每个组件之间有标准的通信接口,可以随意组合。另一个是为了满足开发的结果移植到其他平台也能够正常使用软件的环境。ArcGIS Engine针对的使用人群是开发者而不是用户,因为其提供的一系列的开发工具不是软件成品。其可以支持多种操作系统的开发并且可以使用多种不同的语言在不同的平台上工作。ArcGIS Engine的逻辑体系结构如下。

(一)Base Services

ArcGIS Engine中包含了主要的组件,其组件包含了大量的接口,所有的GIS相应的功能都需要调用其接口,如显示功能接口和地理坐标接口等。

(二)Data Access

包含了调用栅格数据或矢量数据的GeoData所有的类组件和接口。

(三)Map Presentation

包含了GIS应用程序用于特殊地图制作、属性标注、数据转换成符号、数据显示等需要的类组件和接口。

(四)Developer Components

大多数可视化接口在开发时的调用技术都包含在该接口中,如工具栏、控制栏等控件,该类库还包含了工具栏可以调用的菜单栏、命令栏等控件,这可以使二次开发工作更方便。

(五)Extensions

ArcGIS Engine的流程结构比较简单,开发功能多,顶层的Extensions涵盖了主要的高层次的开发工具,如三维分析、网络分析、空间分析、GeoDatabase Update、数据互操作等。

三、数字地图高程数据的提取

笔者研究数字地图软件提取的高程数据针对的是TIF格式的数字地图,

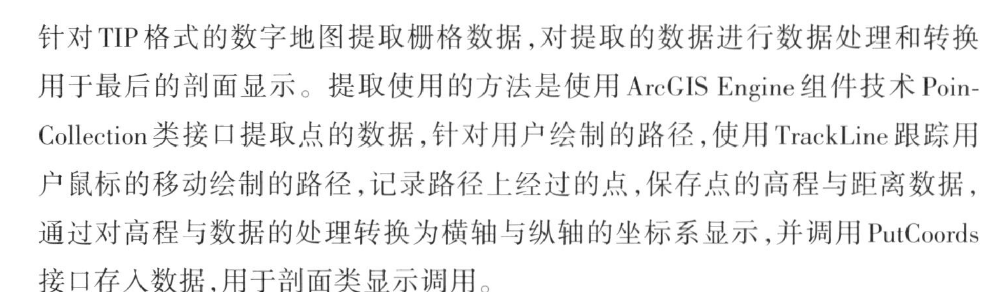

针对TIP格式的数字地图提取栅格数据，对提取的数据进行数据处理和转换用于最后的剖面显示。提取使用的方法是使用ArcGIS Engine组件技术Poin-Collection类接口提取点的数据，针对用户绘制的路径，使用TrackLine跟踪用户鼠标的移动绘制的路径，记录路径上经过的点，保存点的高程与距离数据，通过对高程与数据的处理转换为横轴与纵轴的坐标系显示，并调用PutCoords接口存入数据，用于剖面类显示调用。

该软件在代码实现中核心的两个模块之一是绘制折线模块，当用户在绘制路径时，程序中要实现实时获取鼠标在数字地图上移动的位置，记录选取部分路径上每一个点的二维数据存入一个数据类中，方便后续模块的提取转换，其部分核心代码如图3-1所示。

```
……
{
    if (draw)
    {
        pSimpleLineSymbol.Width = 3;
        object o = (object)pSimpleLineSymbol;
        IGeometry pGeometry;
        pPostion = axMapControl1.TrackLine();//获取用户绘制的路径
        axMapControl1.DrawShape(pPostion, ref o);
        MYline = pGeometry as IPolyline;
        IActiveView m_pAV = axMapControl1.ActiveView;
        iscreendisplay m_pscrd = m_pav.screendisplay;
        ipointcollection pcollection = myline as ipointcollection;
        for (int i = 0; i < pcollection.PointCount; i++)
        {
            IPoint pPnt = new PointClass();
            pPnt.PutCoords(pcollection.get_Point(i).X,
            pcollection.get_Point(i).Y);//获取点的高程数据
            Points.Add(pPnt);//数据存入点类中
        }
    }
}
……
```

图3-1　核心代码

其中第二个核心的模块是绘制分析模块，该模块的实现功能主要是根据绘制模块记录的数据来进行数据的转换，并根据用户数据单位显示的设置和地图单位的选择，将栅格数据转换成二维坐标显示的信息；在转换后计算每个点之间的距离，对应传播距离与高程数据的函数映射，最后显示的结果部分数据写入TXT格式的文件中，方便分析模型软件读取所需要的地图剖面数据，其部分核心代码如图3-2所示。

```
……
        {
            if (path == null)
            {
                path = "temp.txt";
            }
            StreamWriter sw = new StreamWriter(fs);
            irastersurface prastersurface = new rastersurfaceclass();
            prastersurface.putraster(prasterlayer.raster, 0);
            ISurface pSurface = pRasterSurface as ISurface;
            IRaster pRaster = pRasterLayer.Raster;
            IRaster2 pRaster2 = pRaster as IRaster2;
            irasterprops prasterprops = praster as irasterprops;
            double Xsize = pRasterProps.MeanCellSize().X;
            double Ysize = pRasterProps.MeanCellSize().Y;
            double distanceSUM = -1 * Xsize;
            PointPairList list = new PointPairList();
            for (int i = 0; i < Points.Count - 1; i++)
            {
                IPoint d1 = Points[i];
                IPoint d2 = Points[i + 1];
                double d= Math.Sqrt((d1.X - d2.X) * (d1.X -d2.X)
                 + (d1.Y - d2.Y) * (d1.Y -d2.Y));//计算每个点之间距离
                //转换栅格数据，计算实际的二维坐标显示
                double x = 1.0 * Xsize / dis * (p2.X - p1.X);
                double y = 1.0 * Ysize / dis * (p2.Y - p1.Y);
                for (double j = 0; j <= dis/ Xsize; j++)
                {
                    IPoint pPnt = new PointClass();
                    pPnt.PutCoords(p1.X + j * x, p1.Y + j * y);
```

```
                line tempL = new line();
                distanceSUM += Xsize;
                tempL.distance = distanceSUM;
                tempL.dem = pSurface.GetElevation(pPnt);
                if(date.Xmapunit==0)
            {
                sw.Write( Convert.ToInt32(distanceSUM).ToString()
                        + "," +   tempL.dem);//计算的距离保存
                sw.Write("\r\n");
                    list.Add(distanceSUM, tempL.dem);//写入文件中
            }
  ……
```

图3-2　核心代码

针对高程数据的提取，核心的功能主要是以上提到的部分功能实现。其中主要根据数据调用各个组件的接口来处理数据与分析数据，最终实现数据保存到结果文件中。数字地图的软件的显示与整体功能的实现结果将根据用户的设置而显示，根据导入TIF格式的数据地图和用户绘制的路径来显示最终的二维数据剖面图。

四、数字地图软件的界面与功能显示

关于数字地图软件的制作主要是利用C#的界面功能显示，该数字地图软件功能主要分为地图的加载功能、地图的设置（地图的图层选择、地图的单位选择、坐标轴的单位选择）、绘制折线、剖面分析、结果保存等几个功能模块，其中常用的对地图放大、缩小、选取都能满足实现。

一般使用该软件时需要我们自己下载TIF格式的地图，可以从中国科学院计算机网络科学数据中心下载一些大区域的TIF格式的地图，涉及一些小范围的精确TIF地图时，需要购买一些专用的地图软件。因为涉及地理空间的保密性，所以需要购买其测量的地图数据。数字地图软件的主要功能如图3-3所示。

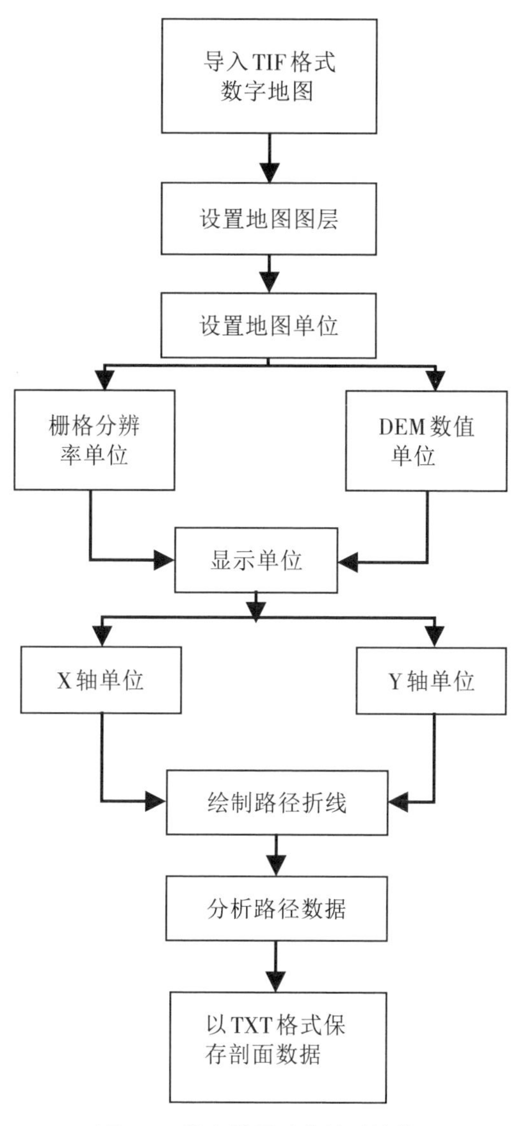

图3-3 数字地图功能体系结构

第三节　基于大数据的电波传播模型仿真分析及软件研制

一、软件工程技术

随着软件工程技术的不断发展,其应用领域越来越广。当计算机应用在社会各个领域投入之初,其所安装的应用软件任务仅仅是完成特定的功能,减少人们的一些重复性工作,完成一些不可能完成的任务。伴随着功能型软件数量的递增,软件的功能需求不断增加,导致开发软件的难度也不断加大,面向过程的开发出现了许多开发不能完成、维护工作比较困难等问题,这种局限性的开发模式无法满足软件技术发展的要求,导致人们开始研究一种更符合客观世界模型和人类思维模式的开发方法,也就是面向对象编程技术的诞生。

目前许多的面向对象语言、对象模型、开发框架都已经大量地使用在应用系统中,这些应用系统都是用面向对象的思想构建的。面向对象的开发解决了许多面向过程面临的问题,减少了代码的冗余量,使其开发的过程更符合人们理解客观事物的模式,每个开发者可维护的代码量增加,越来越多的计算软件被更广泛地使用。

(一)需求分析

电波传播与数字地图软件相结合技术虽然不是一个新的技术方向,但是在发展的过程中一直是一个受关注的技术领域。原因主要有几个因素,一是电波传播模型相对一些传播环境实现比较复杂,二是传播地形复杂多变,目前虽然有存在一些软件可以针对地形来实现电波传播的预测,但是该软件属于商业软件,价格昂贵。因此,开发一款免费适用的软件就十分必要。①

在软件设计之前,为了满足一般用户的使用,需要对系统提出完整、清晰、准确的具体要求。因此经过和周围的人交流和沟通,最终确定本次开发的软件需要实现如下功能:①可视化的人机界面,界面友好,方便用户操作;②针对不同的传播环境,实现不同的模型仿真对话框;③根据数字地图软件的路径选

①朱金荣,李扬,邓小颖,孙灿. 基于大数据的移动信号传播损耗建模仿真[J]. 计算机仿真,2021(11):193-196.

择，实现对地图数据的读取；④一些传播过程中关键参数的设置；⑤针对主要的模型进行仿真并进行结果显示。

（二）可行性分析

针对软件开发的整个周期中，可行性分析是一个不能缺少的步骤。主要通过该环节得出需要解决问题的利与弊，根据这些来判断系统的规模和目标是不是能够实现。本质上，该步骤是减少系统的设计、简化系统分析的过程，同时也是以抽象的方式在高层次上进行系统的分析和设计的过程。可行性分析的目的是在最短的时间内用最少的成本代价来分析问题是否能够解决。其中可行性分析主要包括经济可行性分析、技术可行性分析、操作可行性分析等。

1.经济可行性分析

开发的软件主要在现有的计算机Windows系统上安装了Visusal Studio 2010。基于大数据的电波传播与数字地图软件结合的应用可以减少相关研究者的工作量，节省了时间，从而提高了工作的效率，使得在经济效益上获得可观的收益。

2.技术可行性分析

Visusal Studio 2010产品系列主要是一个集成的开发环境（IDE），是由微软公司提高的主要针对Windows平台的软件开发，其中主要利用了其提供的MFC类库，该类库减少了程序员的工作量。选择VC++工程，创建MFC应用程序，设置单文档视图结构进行电波传播软件的开发，经分析是可行的。

3.操作可行性分析

针对Visusal Studio 2010集成环境开发的应用程序界面友好、操作简单，对于具备一定计算机使用基础的人都可以使用该应用程序，经分析该方法是可行的。

二、MFC软件设计技术

（一）MFC主要的类及其功能

在程序设计的过程中需要大量的类接口，然而MFC已经设计好了许多类以满足其要求。MFC类的结构类似于目录的结构方式，其包含一个基本类CObject，其他大多数的类都是直接或间接从CObeject派生出的。派生关系如图3-4所示。

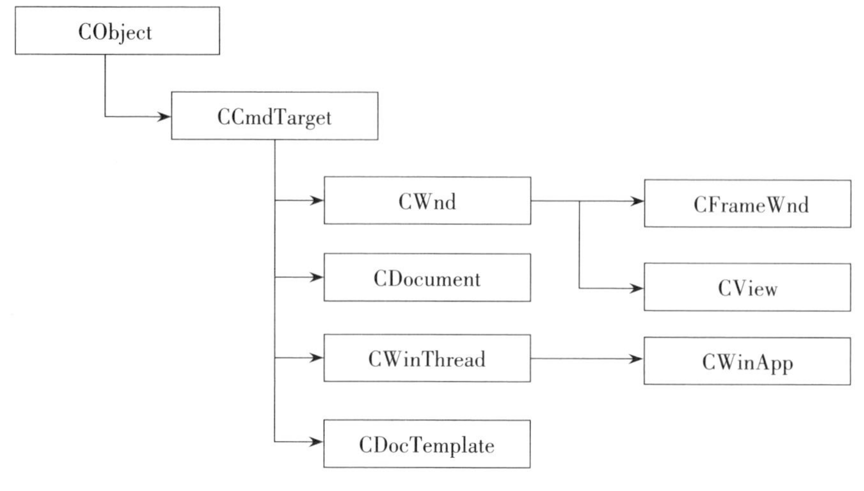

图3-4 MFC主要类继承结构

CObejec类从图中可以看出该类派生了许多类,是各个类的基类,该类定义的操作可以由继承类调用,很大地方便了开发者的开发。这些操作包括:查看类的运行时信息、对类的对象进行修改、判断是否属于相同的类、对象调式的信息等。

命令相关类是CObject类的直接派生类,是具有关联类的根类。MFC文档视图结构所涉及的应用程序类、文档模板类、框架窗口类等都是其派生类。

CWnd类包含了窗口操作的一些基本性功能。窗口函数由于消息处理的方式而隐藏了其处理函数。消息的传递主要是通过CWnd类中的成员函数。不同消息的处理可以通过重载消息处理函数来实现特殊的传递。窗口的创建一般调用创建窗口的接口函数,在调用函数之前必须先把对象绑定到窗口类,最后与CWnd对象相连。

CDocument文档类主要是用于对应用程序的数据管理。

线程基类封装了线程功能实现的模块。CWinThread类的对象表示系统正在运行的一个应用程序,成员函数可以实现对线程进行创建、停止等其他操作。

CDocTemplate文档模板基类是协调框架窗口、视图和文档的创建。文档模板主要分为多文档界面(MDI)模板类CMultiDocTemplate和单文档界面(SDI)模板类CSingleDocTemplate。

框架窗口类CFrameWnd是生成应用程序窗口框架的父类。

视图类CView主要用于接受用户输入的数据并显示文档数据。

CWinApp窗口应用程序类封装了应用程序所需要一些操作的代码函数，如初始化过程、启动应用程序或者终止应用程序等。应用程序在运行时和其他对象的调用是相互的，并且该对象是从CWinApp类中派生。

除了上述提到的相关类，MFC中还有通用的菜单类、绘图类、控制条类、文件类等。

（二）MFC与应用程序应用框架

MFC中包含的一些类利用C++特性封装了绝对大部分的Windows应用接口函数，但MFC不仅是一个C++函数的集成，它还定义了一系列应用程序框架。该模型不但定义了MFC中一些重要类之间的关系，还定义了一套标准的程序结构。

MFC中制定了程序的逻辑框架和相应关联的代码，用户所需要的特定功能不可能定义，因而将MFC定义的这个结构和与此有关联程序的代码为程序框架。当创建MFC的应用程序框架时，一般使用MFC提供的类向导，它主要是MFC生成代码的辅助，可以自动地调用内部工具生成应用程序的源代码框架。利用此向导，可以按照步骤创建应用程序的类型、用户界面的功能、是否应用数据库的支持用户界面的功能以及产生的类。

在Windows应用程序中利用MFC应用向导生成的框架具有标题栏、新建文本栏、系统菜单栏等。这个框架不仅具有了Windows应用程序一些基本的功能，如保存文件、打开文件、打印文件等，还使程序中各个模块之间关联的关系被确定。

由于大量的标准功能在软件的框架中已经内部实现，所以使开发者在使用框架时大大提高了应用程序的开发效率，使得开发者将更多的精力放在自己想要实现的特殊需求上。这样有统一标准的程序结构，有利于软件开发走向标准化。

三、COM组件对象模型

随着计算机技术的快速发展，软件的应用环境变得更加复杂多样，因此软件的开发难度也在提高。为了满足软件的分布式环境，程序组件化的思想快速发展起来。组件化针对的是一些功能较多设计并不简单的程序，将其分解成单独的一个模块来实现,不同的运行环境和机器并不影响组件模块的运行。

为了满足发展的需求,对应不同的操作系统产生了不同的标准,主要有Windows下的COM标准,Linux下的CORBA标准,不同的标准有各自的优点,都是针对相应的操作系统而应用,此处使用COM组件标准进行相关开发。COM组件主要包含以下3个方面特性。

(一)可重用性

一般面向对象语言实现的功能重用与COM对象的可重用性是不相同的。COM对象的可重用性主要体现在对象的行为方式上。一般COM对象有两种机制可实现其反复使用的特点:包容和聚合。假设A为内部对象,B为外部对象。包容方式就是B实现了A上的所有的接口方法,而在真正的接口方法调用时,B仅仅是简单调用A对应的接口方法。然而聚合方式是B没有实现A的接口,而是把A的接口直接给客户调用,但是B保证客户并不会知道有内部对象A的存在。

(二)进程透明性

COM组件对象在具体应用时一般有进程外部和进程内部对象。进程外部对象一般以EXE文件形式运行在相同机器上的另一个进程的空间,或者是在远程计算机上的一个进程空间中,此时,也有可能COM对象以动态链接库形式应用对象,而远程计算机为其构造一个代理应用进程。进程内部对象一般以DLL形式在客户进程空间中运行。这几种进程模型虽然不同,但是这些不同的应用程序对用户而言是透明的。在开发COM组件时,我们还是要谨慎地选择模型。相对来说,进程外部对象在具体应用时并不影响其他应用程序而且使用可靠性高,但是使用效率并不是很高;然而进程内部模型效率相对高,但是其不稳定性会影响客户进程。

(三)语言无关性

COM实现所用的规范的二进制代码,其对语言的使用并没有什么要求。COM对象可以实现不同语言开发进行交互、共享。在一般的编程中,重用的实现是在相同的语言中,根据面向对象生成对象来进行实现。实际上,可以使用面向对象编程语言开发COM组件,因为它们是互补的。其中最接近COM规范的是C++语言,所以,掌握C++编程语言对深刻理解COM有很大的帮助。

四、电波传播预测计算软件模块设计测试

Matlab与VC++结合实现的方式有多种，在VC++平台下调用Matlab的常用方式有三种，分别是：Matlab引擎方式、动态链接库方式以及COM组件等方式。

（一）Matlab数值计算引擎方式

计算方式主要通过服务端与客户端实现模式，其中与Matlab的实现主要通过调用Windows的相关控件接口实现。数值计算引擎内部封装了大量的函数，并向开发者提供了接口函数供其调用，开发者可以不用了解引擎的实现原理。通过调用应用接口函数实现应用程序之间参数的传递，两种不同的语言可以调用这些接口函数实现联合编程。在具体的开发中，一般在VC++中开发程序的框架，VC++的C++语言作为开发客户直接使用的界面工具，主要通过调用Matlab的接口引擎传递数据，通过这些接口函数实现与服务器端建立连接进行数据和指令的传输，其更有利于数据之间的动态通信。该方式大大减少了软件所占的系统空间，因为该方式没有完全在主机上安装Matlab原程序，仅仅是安装了引擎调用的一系列库，提高了应用程序的使用效率和整体的性能。

（二）Matlab DLL实现混合编程

DLL是动态链接库的简称，其实现原理主要是通过库函数的调用，当需要使用库中的函数时，不用把所有函数加载到程序当中，从而节省了一部分空间资源。然而Matlab是通过开发者把编写好的模型用自己的编译器把相关格式文件编译成动态库，从而实现大量数据的计算，并且减少了开发者开发软件占用系统资源的空间，而不用在主机上再安装Matlab耗费大量的资源空间，使开发程序代码能够调用需要的一些函数。

（三）Matlab COM组件方式

Matlab提供了一个生成组件的工具，可以根据生成的COM组件实现与其他编程语言的联合编程，该技术已经应用于许多领域，其更有利于开发者的使用。可以看到，通过其提供的接口方法，Matlab提供了强大的丰富工具箱和数学计算功能。Matlab与其他语言结合实现编程的方法，缩短了工程应用软件开发周期，同时提供了程序的运行效率。该方法对于软件开发有很重要的意义。

第四章 基于大数据的地理信息系统软件设计与应用

第一节 GIS工程设计过程和内容

地理信息系统工程(以下简称“GIS工程”)是应用系统原理和方法,对GIS工程设计的过程、内容和设计要点的理解是建设成功GIS项目的重点。GIS工程既是数据工程,又是软件工程,且相互影响和制约,在工程设计中必须兼顾考虑。

一、GIS工程设计过程

GIS工程设计涉及软件系统设计、硬件环境设计和数据库设计等内容,是一个综合的系统工程。工程因素和工程内容涉及多种知识理论和技术方法的综合应用。一个成功的GIS工程建设需要GIS专家和应用领域专家密切配合,协调完成。主要设计过程包括4个主要阶段,如图4-1所示。

图4-1 GIS工程设计阶段

(一)系统分析

系统分析主要包括需求分析和可行性研究。在用户提供所需的信息、提出所要解决的问题的基础上,调查和收集相关资料,获取用户需求,分析相关资料和技术,并在对成本、效益、技术等可行性分析评价的基础上,提出最佳解决方案,回答用户问题。[①]

(二)系统设计

系统设计包括总体设计和详细设计。总体设计包括系统的目标和任务设计、模块子系统设计、计算机硬件系统设计、软件系统设计等。通过总体设计,解决子系统之间联系与集成问题,解决软件、硬件的选型问题,确定系统的总

①张文弛. 基于GIS技术的广电信息系统工程设计[J]. 传播力研究,2019(10):252.

体框架结构、进行相关技术选择、制定或选择技术标准、安排系统实施计划和策略、组织开发队伍、预算系统开发费用等。详细设计包括数据库设计和系统功能的设计。通过详细设计,明确数据采集、处理、存储、管理的具体内容和技术,特别是数据的类型和内容、数据的组织方法、数据的存储和管理模式等。系统功能设计包括软件模块的功能、模块的集成方法、模块的软件开发方法、系统的用户界面设计等。

(三)系统的实施

系统的实施主要是数据库的建库和软件编程与系统的调试。数据建库是将编辑好的地理空间数据装入数据库,置于数据库管理系统之下的过程。内容包括设计数据文件的定义、属性的定义、空间数据和属性数据的录入、空间索引的建立等;软件的编程是功能模块代码化的过程;软件的调试包括软件的模块调试、子系统调试、系统的总调试等;对非GIS专业的用户进行技术培训。它们都必须具有相应的具体实施方案。

(四)系统的运行维护

系统的运行和维护主要是将系统交付用户试运行,并对系统进行积极维稳的过程。需要提出系统维护的方案。上述的设计内容均应建立档案,作为系统开发和维护持续运行的技术文档依据。

二、GIS工程设计的内容

GIS工程设计是由设计团队共同完成的,其组成人员包括工程决策者、工程顾问委员会、GIS用户、GIS项目工程管理者、数据库设计者、数据库建库者、系统设计者和系统程序员等。他们之间的关系如图4-2所示。

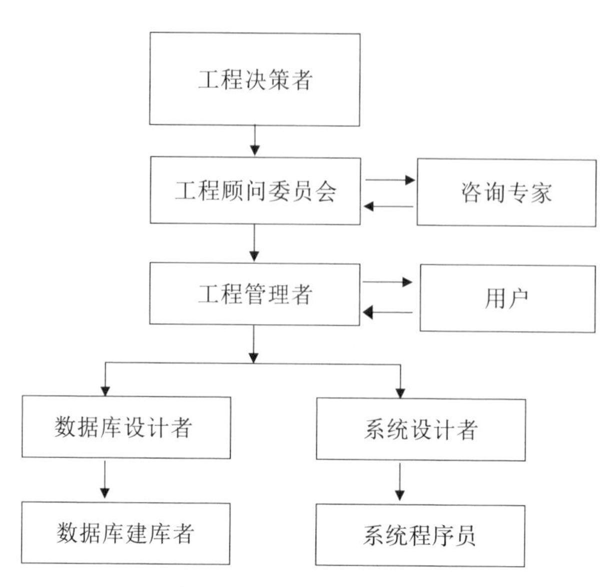

图4-2 GIS工程设计团队

GIS工程决策者和管理者是管理人员，系统设计者、系统程序员、数据库设计者和数据库建库者是工程的设计与开发人员。

GIS项目管理人员的主要职责是：制定并实现GIS应用的规划、GIS产品的规划，选择软硬件，与用户协商，与用户交流，人力资源管理，预算与资金筹措，向决策者和技术顾问报告等。

数据库设计者的职责是：GIS数据库设计，数据库更新与维护，制订地图生产和GIS数据输出方案，GIS数据建库，地理空间数据的质量控制，制订数据获取方案等。

系统程序员的职责是：数据转换和格式重构的编程，应用软件的编程，客户界面的开发，解决数据文件和程序设计中的问题等。

根据GIS工程设计过程的4个阶段，需要完成的设计内容和各自的职责见表4-1。

表4-1 GIS工程设计内容及成员职责

设计阶段	内容	用户	管理人员	开发人员
系统分析	需求分析	1.提出所要解决的问题 2.提出所需要的信息 3.详细介绍现行系统 4.提供各种所需资料数据	1.批准开始研究 2.组织开发队伍 3.进行必要培训	1.获取用户需求 2.回答用户问题 3.调查分析 4.分析资料和技术

续表

	可行性研究	1.评价现行系统 2.协助提出方案 3.选择最适宜方案	1.审查可行性报告 2.决定是否开发	1.提出多种备选方案 2.与用户沟通 3.成本/效益分析
系统设计	总体设计	1.讨论子系统的合理性,并提出意见 2.对设备选择发表意见	1.鼓励用户参加系统设计 2.要求开发人员听取用户意见	1.说明系统目标和功能 2.子系统和模块划分 3.设备选型
	详细设计	1.讨论设计和用户界面的合理性 2.提出修正意见	1.听取多方意见 2.批准转入系统实施	1.软件设计 2.代码实现 3.功能实现 4.数据库建库 5.界面设计 6.VO设计
系统实施	编程	随时回答业务具体问题	监督编程进度	分组编程
	调试	1.评价系统的总调 2.检查用户界面的友好性	1.监督调试进度 2.协调各方意见	1.模调 2.分调 3.总调
	培训	接受培训	1.组织培训 2.批准系统交接	1.编写用户手册 2.进行技术培训
系统运行维护	运行和维护	1.按系统要求定期更新数据 2.使用系统 3.提出修改或扩充意见	1.监督用户的操作 2.批准维护 3.准备系统评价	1.按要求进行数据处理工作 2.积极进行维护
	系统评价	参加系统评价	组织系统评价	1.参加系统评价 2.总结开发经验

三、GIS工程设计要点

GIS工程设计是一项系统性工作,工程设计的各个环节都必须有明确的响应。应重点关注图4-3所示的有关问题。

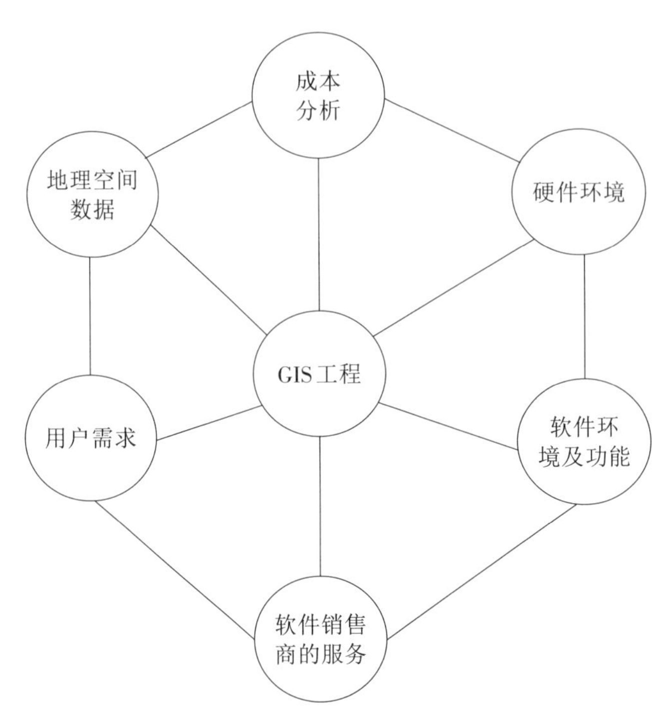

图4-3　GIS工程设计要点及关系

成本分析包括工程建设成本和系统操作与维护更新成本。工程建设成本包括软件和硬件成本、数据输入成本、数据库管理成本、培训成本、应用软件成本、软硬件更新成本和其他的必要成本等。系统操作与维护更新成本包括硬件维护成本、数据库更新成本、数据分析成本、数据输出成本、数据建档和备份成本等。

硬件环境包括系统支撑的计算机环境和有关设施建设环境。

软件环境包括GIS平台软件、二次开发软件和其他必要的软件配置。GIS的功能包括地理空间数据的输入选择、数据模型和数据结构、数字化方法和工具、错误检查和改正、数据库管理系统等,地图投影和地图产品、地图拼接、拓扑结构、矢量和栅格之间的转换、叠加分析、空间和属性数据查询、空间数据测量、三维分析、网络分析等。

软件销售商的服务主要是为平台软件系统的升级维护所获得的服务承诺和许可条件,包括售后服务、新产品服务和服务的人员等。

地理空间数据主要包括数据源、类型、数据更新、共享等方面的问题。

用户需求是工程设计和建设的基础,是评价工程建设成功与否的关键,包括培训、提供元数据、在线帮助服务、数据访问和交换、应用等。

一个成功的GIS工程取决于许多因素，其中图4-4所示的一些因素是关键的。

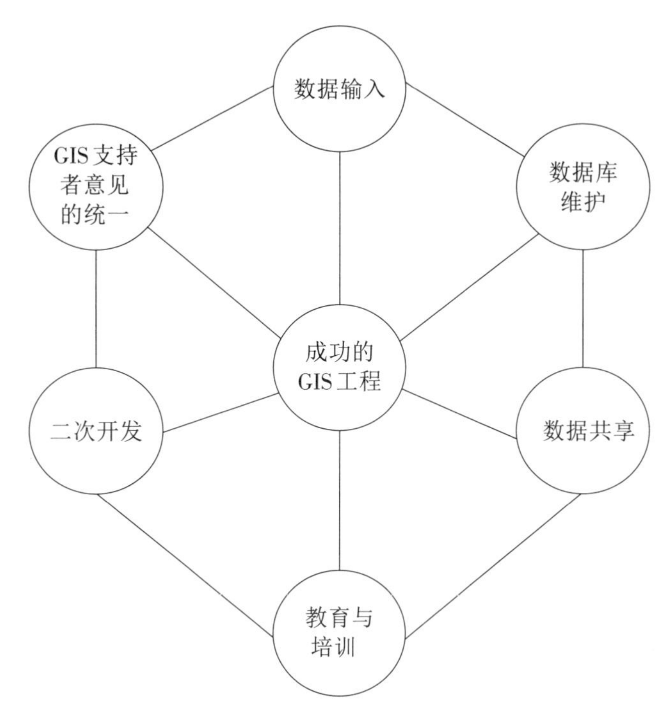

图4-4 GIS工程成功的关键因素

如果缺乏稳定可靠的数据源和数据输入的方法，GIS工程将失去生命力。数据输入约占GIS工程总成本的80%，所以数据输入是关键问题。更为重要的是，将GIS工程所需要的地理空间数据进行选择和分类，并分别考虑其数字化的方法。

如果数据库缺乏高质量的数据和更新机制，将成为垃圾数据，所以应建立数据质量的维护和日常的数据更新机制。

缺乏数据共享机制，将大大增加数据的成本。因此，良好的数据共享是减少数据输入总成本最为关键的问题，也是极大地利用数据库的措施。应有效解决政策和管理问题，以促进数据共享。

二次开发是满足用户对GIS功能的定制。一个由软件商提供的GIS软件不足以满足实际需求，需要开发客户化定制的软件，或提供建立模型的方案，编写应用程序软件包。

GIS支持者的意见不能统一，会造成工程建设半途而废，所以GIS工程支持者的共识是很重要的。不仅是GIS工程的最高决策者，管理人员和工程人员都应该具有一致的支持意见。

教育和培训用户是保证系统正常运行和产生效益的基础。应该对三个层次的人员，即决策者、专业人员和技术人员进行培训。

在GIS工程设计中，还需要注意一些可能造成工程失败的因素。

如果GIS工程的决策者和设计者缺乏远见，对GIS的应用和技术发展把握不准，则会使系统效益不能充分发挥，导致系统生命周期变短。

缺乏长期规划，会导致系统运行停滞，甚至彻底废止。人们应该认识到，GIS工程是一个长期工程，至少需要运行10年以上。版本更新和数据更新，有时没有列入预算，这样就不能保证工程的正常运行。

缺乏决策者的支持，问题会变得异常严重。在遇到一些特殊情况下，一些管理GIS工程的决策者换了他人，而这些人不支持上一任决策者的思想，则会造成GIS工程的失败。

缺乏系统设计和开发经验等专业知识，难以保证完成系统设计的要求。GIS软硬件的选择不当和滥用在缺乏专业知识时是经常发生的。应当聘请专业人员或专家进行咨询，对方案进行评估。

如果与用户的交流不够，用户需求就不能得到有效的反映。对用户的培训和指导不够，就不可能实现GIS工程最初设计和开发的设想。

第二节 GIS工程的开发方法

GIS工程开发是对GIS设计成果的物理实现，将设计结果转变为可以运行、产生效用的工程技术活动。本节主要介绍GIS软件的开发方法。GIS软件开发应以软件工程的概念、理论、技术和标准为依据。

一、GIS软件的开发方式

GIS软件是对实现GIS数据操作功能的程序实现。开发这样的软件，可以从底层结构设计和程序编写开始，称为独立式GIS软件开发方式。考虑到GIS

软件的技术难度、复杂性、功能等因素，一般都是基于某个商业化的GIS软件提供的开发环境，进行二次开发。即独立式软件开发方式、宿主式二次开发方式、组件式二次开发方式和开源式二次开发方式。

（一）独立式GIS软件开发方式

GIS软件开发不依赖任何已有的软件平台，从GIS的功能需求出发，设计原始的底层结构，应用支持数据库的图形、图像和属性操作的程序语言，如C、C++、C#、Java、Delphi等，编程实现GIS的操作功能。这种开发方式因技术难度大、投入人力物力多、开发周期长等不利因素，在现有的GIS工程应用中很少采用。但在某些技术难度要求较低、功能需求少或具有某些特定需求条件（如保密应用等）不能基于已有的平台进行二次开发情况下，可以采用这种方式设计开发平台独立的GIS软件。[①]

（二）宿主式GIS二次开发方式

所谓宿主式GIS二次开发，是编写的软件不能独立于所依托的平台软件独立运行。一些平台软件，如ArcGIS、MapInfo等都提供了MapBasic、Python等宿主开发语言，允许软件开发者开发一些新的GIS功能部件或模块补充到平台GIS软件。这种开发方式充分利用了平台GIS软件的操作环境和已有的功能，实现一些复杂操作、综合操作、批处理操作、工具性操作等，具有宏语言编程和宏插件运行的特点。在GIS软件的二次开发中具有一定的应用市场。

（三）组件式GIS二次开发方式

组件式GIS二次开发是基于平台GIS软件提供的组件模型，使用常用的程序开发语言，如C、C++、C#、Java、Delphi等，在平台软件提供的Runtime运行库环境支持下可以独立于平台软件运行的开发方式。这种方式开发的软件，是完全根据用户的功能需求而定制软件的结构和功能，实现平台软件功能的个性化应用。其另外一个优点是可以与第三方平台软件提供的组件模型进行混合编程，或直接集成独立的第三方组件，为实现GIS功能的客户化定制提供了灵活多样的开发和集成方法。组件式GIS二次开发是基于面向对象的程序设计和编程方法。多数平台的GIS软件都提供组件开发环境，如ArcGIS软件的

①郭海荣．基于云计算环境下的GIS软件工程设计研究[J]．电子技术与软件工程，2014(24):58.

ArcObject、MapInfo的软件的MapX等。在系统功能维护、更新和升级等方面具有诸多好处。组件式GIS二次开发方式是目前GIS工程应用广为采用的一种开发方式。

(四)开源式GIS二次开发方式

现在市场上有一些开放源代码的GIS软件,这些软件不仅已经具备了一定的GIS功能,而且也提供了可供进一步开发的环境和接口。如OpenLayers、GRASS、QGIS、WorldWind等,以及像谷歌、天地图等专业网站,都提供了可供第三方进行应用开发的API接口,可以使用C++、C#、Java、JavaScript等语言,在开源协议支持下进行二次开发。这是一种程序二次开发具有活力和发展前途的开发方式,已经受到越来越多的关注。它的优点介于独立式和组件式之间,为一些GIS的个性化应用提供了另一条途径。

二、GIS软件的开发方法

GIS软件开发根据系统的结构、运行平台和应用目的不同,分为单机版、C/S环境版、Web环境版、移动环境版、云环境版和三维版等不同开发方法。

(一)单机版GIS软件开发方法

单机版GIS是运行在单一计算机环境的单用户GIS软件应用系统。在多数情况下,不需要与其他用户共享数据源和进行数据交换。这种单机版的GIS软件经常用于解决专题应用和数量较少、对系统运行环境要求不高和便于携带的情况。单机版的GIS软件应用系统结构相对简单,系统与外界交流相对封闭,数据库与软件在单机上运行,开发使用的平台GIS是单用户版本的。

(二)C/S环境GIS软件开发方法

C/S环境的GIS软件运行在集中式多用户环境,数据集中存储和管理在专用的服务器上,GIS软件运行在客户端上。不同的客户端软件执行不同的GIS应用功能,是一种子系统软件体系。客户端软件通过数据库驱动程序与服务器数据库连接,多个客户端软件共享同一个(组)数据库,一般不需要在服务器端开发专用的应用软件。开发方式多采用宿主式和组件式方式。因为开源平台软件多为Web环境运行,一般较少用于这类软件开发。

C/S环境的GIS应用软件基于的平台GIS软件是多用户版本的,这为系统的规模变化提供了基础,可以很方便地增减应用子系统。C/S环境的GIS应用软件一般用于一个单位内基于局域网环境下协同完成任务的情况,所以工作流方法经常是子系统之间进行信息传递和交换的依据。子系统之间功能耦合关系几乎不存在,即不存在相互的功能调用情况,但数据耦合关系是紧密的,且是服从工作流要求的。一个子系统数据处理的结果往往是另一个子系统数据的输入,需要注意开发数据接口软件。

(三)Web环境GIS软件开发方法

Web环境GIS应用软件是运行在分布式多用户环境,数据和应用软件在物理上分布,在逻辑上集中部署。Web环境GIS应用具有在数据和应用软件方面的松耦合关系。系统客户端与服务器之间不仅有数据交换关系,而且在功能上也可能存在远程调用的情况。这种系统的开发重点是客户端系统与服务器之间的接口,以及Web服务器与GIS服务器之间的接口。Web环境GIS的开发在服务器端和客户端都可能存在。但现在多数平台GIS软件,只需要在服务器端配置发布的服务,并不需要复杂的软件开发,主要软件开发是在客户端。Web环境GIS应用软件系统是一个开放的结构系统,跨平台互相操作的情况经常发生。宿主式、组件式和开源式开发方式都适合这类应用软件开发。

开发语言一般选择跨平台性好的语言,如C#、JavaScript、J2EE等。Web环境GIS应用软件分为瘦客户端和富客户端应用软件。富客户端应用软件提供客户端更丰富的GIS应用功能。ArcGIS软件提供了多种富客户端开发的接口,如ArcGIS Server for Flex、ArcGIS Server for Silverlight、ArcGIS Server for JavaScript以及ArcGIS Server for ADF等。

(四)移动环境GIS软件开发方法

移动环境GIS应用软件是运行在移动通信网络环境和便携式智能终端设备的GIS软件或独立运行的软件(不使用与外界的通信),如智能手机、平板电脑。这类应用系统通过无线移动通信网络与数据库和应用服务器连接,提供GIS的移动应用,因而得到快速的发展和应用。

目前,一些商业化的GIS平台软件都提供了面向智能终端的开发接口,如ArcGIS Server for IOS、ArcGIS Server for Android等。

(五)云环境GIS软件开发方法

云环境GIS应用软件开发与搭建的云环境有密切关系。一些GIS软件提供云环境的GIS应用开发,如ArcGIS软件。ArcGIS软件为云环境GIS应用提供了解决方案。利用ArcGIS的Web ADF对ArcGIS API进行一些修改,就可以直接使用地图服务。尽管ArcGIS Server尚未完全达到成熟的云环境,但是ArcGIS Server提供的是一个按需架构的可用组件,提供了供云环境GIS开发的API接口,即ArcGIS Portal API for EC2。可以将缓存地图切片上传到云计算供应商那里。亚马逊将其云计算平台称为弹性计算云(Elastic Compute Cloud,EC2),S3是其提供的简单云存储服务。

(六)三维GIS软件开发方法

构建系统时,人们常常希望在一个系统中能够同时包含二维和三维GIS的功能,并且能够实现二三维联动。例如,利用ArcGIS Engine的二维GIS功能和Skyline三维GIS功能,将二维GIS和三维GIS进行集成并实现联动,从而实现在同一框架体系下使两者优势互补,最大程度地发挥系统功能。

第三节 基于大数据的地理信息系统高级运用

GIS的应用行业和领域十分广泛,GIS技术已经成为向政府、企业和社会公众传播地理空间信息的核心技术。在信息社会,GIS在构建信息化平台,提供地理信息共享和交换服务方面,地位不断提高、领域不断扩大、深度不断深化。本节介绍的内容主要是基于大数据的GIS基本技术,在主要行业的应用情况,选择了在数字城市、智慧城市、地理国情监测等公共基础领域的一些高级应用,以及在规划、交通、国土、林业、农业、民政、气象、水利、公共卫生、电力和地下管线等专业领域的应用情况。

一、地理空间框架与地理信息公共平台

地理空间框架和地理信息公共平台是建立数字化、网络化、智能化地理信息共享服务的基本技术,是GIS在公共基础领域和专业领域都必须使用的标准核心技术。

(一)地理空间框架

地理空间框架是地理空间数据及其采集、处理、交换和共享服务所涉及的政策、法规、标准、技术、设施、机制和人力资源的总称,由基础地理信息数据体系、目录与交换体系、公共服务体系、政策法规与标准体系和组织运行体系等构成。

1.基础地理信息数据体系

基础地理信息数据体系由测绘基准、基础地理数据、面向服务的产品数据、数据管理系统和支撑环境组成。

测绘基准包括大地基准、高程基准、重力基准和深度基准。

基础地理信息数据包括大地测量数据、数字线画图数据、数字正射影像数据、数字高程模型数据和数字栅格地图数据。大地测量数据包括三角(导线)测量成果、水准测量成果、重力测量成果以及GNSS测量成果等;数字线画图数据包括测量控制点、水系、居民地及设施、交通、管线、境界与政区、地貌和植被与土质等要素层;数字正射影像数据包括航空摄影影像和航天遥感影像,可以为全色的、彩色的或多光谱的;数字高程模型数据包括地面规则格网点、特征点数据及边界线数据等;数字栅格地图数据包括通过地形图扫描和数字线画图转换形成的数据。

面向服务的产品数据包括地理实体数据、影像数据、地图数据、地名地址数据和三维景观数据等。地理实体数据以基础地理信息数据为基础,把反映和描述现实世界中独立存在的自然地理要素或者地表人工设施的形状、大小、空间位置、属性及其构成关系等信息,采用面向对象的方法重组形成的数据;影像数据以航空摄影影像、航天遥感影像等数据源为基础,经拼接、匀色、反差调整、重影消除和镶嵌等处理,形成的栅格数据;地图数据以基础地理信息数据为基础,经多尺度融合、符号化表达、图面整饰等加工处理,形成的色彩协调、图面美观的地图;地名地址数据包括行政区划以及街巷、标志物、门楼等要素的规范化名称、空间位置、属性及地理编码等信息内容;三维景观数据包括以影像数据、数字高程模型数据为基础,经三维模型化与渲染,并叠加其他地理要素的三维模型,以及按一定尺寸对其裁切构成的影像、数字高程模型多级瓦片数据和地理要素不同层级表达的三维模型数据。

数据管理系统实现基础地理信息数据的管理、维护与分发,具备数据输入输出、编辑处理、提取加工、显示浏览、查询检索、统计分析、数据更新、安全管理以及历史数据管理等功能。

支撑环境是支持基础地理信息数据管理和维护的软硬件及网络系统,包括操作系统、数据库软件、应用服务软件、服务器设备、数据存储备份设备、外围设备、安全设备以及涉密的局域网或测绘专网等。

2.目录与交换体系

目录与交换体系的组成内容包括目录与元数据、专题数据、交换系统和支撑环境等。

元数据包括编目信息、标识信息、内容信息、限制信息、数据说明信息、发行信息、范围信息、空间参考系信息、继承信息、数据质量信息等内容。目录是基于元数据面向不同类型需要生成的树形结构信息,用于展现信息资源之间的相互关系。

专题数据是由行业部门或单位按照统一标准规范,在业务数据基础上整合形成的、可用于共享的数据,以扩展的图层形式提供服务。

交换系统实现面向服务的产品数据和专题数据的管理以及相互之间交换,具备目录与元数据、地理实体数据、影像数据、地图数据、地名地址数据和三维景观数据等的管理功能以及目录与元数据注册、数据连接、数据发送、数据接收和数据同步等交换功能。

支撑环境是支持目录与交换体系运行和维护的软硬件及网络系统,包括操作系统、数据库软件、服务器设备、数据存储备份设备、安全设备等。在部署运行网络时,应严格按照国家相关保密政策的要求,涉密的数据只能在涉密网中共享与交换。

3.公共服务体系

公共服务体系包括地图与数据提供、在线服务系统和支撑环境等。

地图与数据提供是指以离线的方式,向用户提供模拟地图,或者借助硬盘、光盘、磁带等存储介质,通过硬拷贝对外提供基础地理信息数据。在线服务系统一般包括门户网站,及其蕴含的在线地图、标准服务、二次开发接口和运行维护等方式,满足用户在线获取与应用地理信息,快速分布式构建其专题系统的需求。支撑环境是支持公共服务体系运行和维护的软硬件及网络系统,包括操作系统、服务器设备、安全设备等。在部署运行网络时，应严格按照国家相关保密政策的要求，涉密的数据只能在涉密网中提供服务。

4.政策法规与标准体系

政策法规是地理空间框架的规划、设计、建设与应用必须遵守的国家统一制定的基础地理信息分级分类管理、使用权限管理、交换与共享、开发应用、知识产权保护和安全保密等方面的政策法规。标准是地理空间框架建设与应用必须执行的正式颁布的有关要素内容、数据采集、数据建库、产品模式、交换服务、质量控制和安全保密处理等方面的国家标准、行业标准和国家或行业标准化指导性技术文件。

5.组织运行体系

组织运行体系是为实现地理空间框架成立的组织协调机构和运行维护机构。组织协调机构负责组织地理空间框架的建设实施，建立健全更新与维护的长效机制，推动地理空间框架的共享、应用与服务。运行维护机构是地理空间框架运行与维护的专门机构，负责提高技术人员的知识水平和专业技能，落实地理空间框架更新计划，及时解决地理空间框架运行中的问题，保证地理空间框架的持续更新和长期服务。

（二）地理信息公共平台

地理信息公共平台是实现地理空间框架应用服务功能的数据、软件和支撑环境的总称。该平台依托地理信息数据，通过在线、服务器托管或其他方式满足政府部门、企事业单位和社会公众对地理信息和空间定位、分析的基本需求，同时具备个性化应用的二次开发平台分为三个级别，即地理信息专业级（企业级）共享服务平台、地理信息政务共享服务平台和地理信息公众共享服务平台，分别运行在地理信息专网、政务内网和因特网（政务外网）上，且相互之间进行物理隔离部署。

三类不同保密版本的数据库（企业版、政务版和公众版）与不同保密等级的公共服务平台（企业网、政务网、因特网）相联系，通过公共平台提供的各类服务，面向不同的群体（专业技术人员、政务人员和社会公众）提供信息共享服务。

1.面向服务架构的技术

面向服务的架构（以下简称“SOA”）可用图4-5来解释，它是一个功能强大但受到业务化处理方式启发的简单架构原理。SOA由一些服务提供者组成,服务提供者将注册表中的服务发布给服务的消费者。服务消费者通过使用服务注册表寻找(发现)这些服务。

当发现合适的服务后,服务消费者可以与服务提供者绑定,开始按照规定的服务契约使用服务。图4-5中的箭头线表示实体之间的通信。

SOA最好的定义是彼此可以通信的服务的集合。一个服务封装一个独立的功能(如缓冲区分析或地图编辑),可跨网络递送。递送是由契约良好定义的。服务可以结合使用以形成期望的应用或系统。

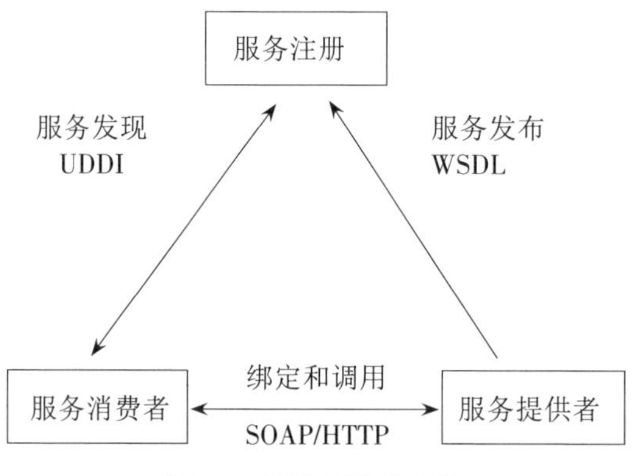

图4-5　面向服务的架构

重要的是要记住,SOA只是一个架构原理,不依赖于一个给定的技术。一些技术,如CORBA、Java RMI或其他技术,都可以实现一个SOA,但是最普遍实现SOA的方法是Web服务技术。对于一个企业级的计算来讲,有许多理由采用SOA方法,特别是基于SOA的Web服务技术。

(1)可重用性

推动使用SOA的主要动力是业务服务的重用。一个企业或跨企业(特别是有业务伙伴关系的)的开发者可以使用为已有业务应用开发的代码,以Web服务方式公开,然后重用它,以满足新的业务需求。已经在企业内部或外部存在的重用功能取代将要开发的代码,将节省大量的开发成本和时间。重用的优点是会随着业务服务的增加而急剧增加,并被纳入不同的应用。利用现有代码的主要障碍是特定应用和系统的唯一性。不同企业的开发方案,甚至同一企业的不同部门的开发方案,都具有唯一性。它们运行在不同的操作环境,它们的代码使用了不同的语言、接口和协议,它们需要针对某些业务应用进行集成。在SOA中，只需知道满足应用的一个服务的基本特性是公共接口。一个系统或应用的功能在SOA中比其他任何架构的环境都更容易被访问，因此应用和系统的集成是相对简单的。

（2）互操作性

SOA在客户端和松耦合的服务之间交互的愿望，意味着广泛的互操作性。这个目标只有在客户端和服务彼此之间的通信具有一个标准通信方式才能满足，即跨平台、系统和语言一致性方式。实际上，Web服务可以为此提供准确的解决方案。Web服务由一组成熟的协议和技术组成，已被广泛接受和使用，并且是平台、系统和语言独立的。此外，这些协议和技术可以跨越防火墙工作，使得它更容易为业务合作伙伴共享重要的服务。这可以通过Web服务的互操作组织的WS-I基本概要来实现。这个基本概要定义了一组可以在不同平台或系统实现的核心Web服务技术，有助于保证在这些不同平台和系统上的服务代码使用不同的语言来写，且彼此之间可以通信。

（3）可扩展性

因为在SOA中的服务是松耦合的，使用这些服务的应用比紧耦合环境更容易扩展。在紧耦合系统架构，请求的应用和提供的服务之间缺少独立性，所以扩展涉及更多的复杂问题。基于Web服务的SOA的服务是粗粒度的、面向文档的、异步的。粗粒度服务提供一组相关的业务功能，而不是一个单一的功能。面向文档的服务是接收一个文档作为输入。异步服务允许执行信息处理，不需要迫使客户端等待处理完成。同步服务则需要客户端等待。限制了交互的次数，异步服务会减轻网络通信的负担。

（4）灵活性

松耦合服务通常比紧耦合服务灵活得多。在紧耦合架构中，不同的应用组件彼此紧密绑定，共享语义、库，甚至共享状态。SOA的松耦合、面向文档和异步的性质允许应用是灵活的，容易满足变化需求。

（5）成本效益

其他集成分散业务资源的方法，如旧版系统、业务伙伴应用和具体部门的方案，是高代价的，因为它们依赖于以客户定制方式连在一起的组件。建立客户化方案是高成本的，因为它们需要广泛的分析、开发时间和努力。对其维护和扩展也是高成本的，因为是紧耦合，集成方案中的一个组件的变化，需要其他组件做出相应的变化。基于标准的方法,如基于Web服务的SOA的服务,是一个成本节省的方案,因为客户端和服务的集成不需要深度的分析和客户化方案的单独代码。由于是松耦合的,使用这些服务的应用在维护方面都比客户化定制方案成本低。此外,大量的基于Web服务的SOA的网络基础设施已经在企业存在,可以进一步降低成本。最后,重要的一点是,SOA是按照粗粒度服务公开的业务功能重用,这将大大节省成本。

SOA提供了将各种地理空间信息资源、传感器资源、空间数据资源、处理软件资源、地学知识资源、计算资源、网络资源、存储资源和传感器服务、传输服务、空间数据服务、空间信息处理服务、空间信息服务、空间数据挖掘服务、地学知识服务、资源注册服务等资源和服务,通过网络注册的方式提供用户进行信息共享和交换的在线服务模式。

2.空间信息网格

网格(Grid)是信息社会的网络基础设施,它把整个因特网整合成一台巨大的超级虚拟计算机,实现互联网上所有资源的互联互通,完成计算资源、存储资源、通信资源、软件资源、信息资源、知识资源等智能共享的一种新兴的技术。根据功能,网格可分为数据网格、计算网格、信息服务网格。数据网格提供数据资源的共享存取,计算网格提供高性能网络计算,信息服务网格提供功能和服务资源的共享存取。网格不同于集群计算,前者是异构的,后者是同构的。网格系统由提供资源服务的网格节点构成,网格节点是资源的提供者和服务者,它包括高端服务器、集群系统、MPP系统大型存储设备、数据库等。这些资源在地理位置上是分布式的,系统具有异构特性。这些网格节点又进一步互联,构成多级结构的信息网格网络,可以构成层次连接拓扑,也可以构成网络拓扑结构。

根据某大学的研究,网格计算可分为集中式任务管理系统、分布式任务管理系统、分布式操作系统、参量分析、资源监测预测以及分布式计算接口。现有的网格计算技术方案主要集中在第一、二类。属于集中式任务管理系统的有Grid Engine、LSF(Load Sharing Facility)、PBS(Portable Batch System)等;属于分布式任务管理系统的有Globus、Legion和NetSolve等。集中式系统由一台计算机统一调度任务,分布式系统任务的加载和运行控制由网格中每台计算机自行完成。

空间信息网格(Spatial Information Grid,SIG)是一种汇集和共享地理上分布的海量空间信息资源,对其进行一体化组织与处理,从而具有按需服务的、强大的空间数据管理能力和信息处理能力的空间信息基础设施。SIG技术与GIS技术结合,形成网格GIS(GridGIS)。

网格GIS是一个开放的体系结构,由若干种标准化服务和服务协议组成,其服务是由不同的组件实现的。

网格GIS的基础设施层是网格GIS各个层次之间进行相互通信的基础,也是网格实现的基本单元节点。网格服务层实现对各种网络资源进行管理,负责将资源传递给上层应用程序。核心服务层是任务调度与管理的核心,负责将上层应用接收的任务请求分解为多个可执行的子任务,并分配到相应的计算资源上,并协调资源间的工作。网格应用服务负责为前端用户和下层提供资源的状态信息,接收用户层的请求,解析并提交下层核心服务,将核心服务层的处理结果反馈给用户层。最上层为用户层,是用户访问网络、识别处理结果的用户界面。

3. 云计算与云服务

云计算环境具有超大规模、虚拟化、高可靠性、通用性、高扩展性、按需服务、廉价服务和潜在危险性等特点。云计算有三种部署类型,即公有云、私有云和混合云等。

(1)超大规模

“云”具有相当的规模,Google云计算已经拥有100多万台服务器,Amazon、IBM、微软等企业均拥有几十万台服务器。企业私有云一般拥有上千台服务器。“云”能赋予用户前所未有的计算能力。

(2)虚拟化

云计算支持用户在任意位置、使用各种终端获取应用服务。所请求的资源来自“云”,而不是固定有形的实体。应用在“云”中某处运行,但实际上用户无须了解,也不用担心应用运行的具体位置。只需要一台笔记本电脑或者一部手机,就可以通过网络服务来实现用户需要的一切,甚至包括超级计算这样的任务。

(3)高可靠性

“云”使用了数据多副本容错、计算节点同构可互换等措施来保障服务的高可靠性,使用云计算比使用本地计算机可靠。

(4)通用性

云计算不针对特定的应用,在“云”的支撑下可以构造出千变万化的应用,同一个“云”可以同时支撑不同的应用运行。

(5)高可扩展性

“云”的规模可以动态伸缩,满足应用和用户规模增长的需求。

(6)按需服务

“云”是一个庞大的资源池,可按需购买,可以像自来水、电、煤气那样计费。

(7)极其廉价

由于“云”的特殊容错措施,可以采用极其廉价的节点来构成,“云”的自动化集中式管理使大量企业无须负担日益高昂的数据中心管理成本,“云”的通用性使资源的利用率较之传统系统大幅提升,因此,用户可以充分享受“云”的低成本优势,只要花费几百元、几天时间就能完成以前需要数万元、数月时间才能完成的任务。

(8)潜在的危险性

云计算服务除了提供计算服务外,还提供了存储服务。但是云计算服务当前垄断在私人机构(企业)手中,而他们仅仅能够提供商业信用。政府机构、商业机构(特别是像银行这样持有敏感数据的商业机构)对于选择云计算服务应保持足够的警惕。一旦商业用户大规模使用私人机构提供的云计算服务,无论其技术优势有多强,都不可避免地让这些私人机构以数据(信息)的重要性“挟制”。对于信息社会而言,信息是至关重要的。云计算中的数据对于数据所有者以外的其他云计算用户是保密的,但是对于提供云计算的商业机构而言,确实毫无秘密可言,这就像常人不能监听别人的电话,但是在电信公司内部,他们可以随时监听任何电话一样。所有这些潜在的危险,是商业机构和政府机构选择云计算服务,特别是国外机构提供的云计算服务时不得不考虑的一个重要的因素。

云服务是由软件即服务(SaaS)、平台即服务(PaaS)和基础设施即服务(IaaS)的三层架构组成的网络信息服务技术。

软件即服务(SaaS):是通过网页浏览器把程序和功能传给成千上万的

用户。

平台即服务(PaaS):能够将私人电脑中的资源转移至网络云,是SaaS的延伸,这种形式是把开发环境作为一种服务来提供。允许开发者进行创建、测试和部署应用,即使用中间商的设备来开发自己的程序,并通过互联网和其服务器传到用户手中。

基础设施即服务(IaaS):由计算机架构如虚拟化组成,并作为服务实现为用户提供。基于Interent的服务(如存储和数据库)是IaaS的一部分。IaaS提供了动态和高效的部署架构。

用户交互接口应用以Web Service方式提供访问接口,获取用户需求。服务目录是用户可以访问的服务清单。系统管理模块负责管理和分配所有可用的资源,其核心是负载均衡。配置工具负责在分配的节点上准备任务运行环境。监视统计模块负责监视节点的运行状态,并完成用户使用节点情况的统计。其执行过程并不复杂,用户交互接口允许用户从目录中选取并调用一个服务。该请求传递给系统管理模块后,它将为用户分配恰当的资源,然后调用配置工具来为用户准备运行环境。

云计算可以有三种部署模式,即公有云、私有云和混合云。

私有云:是为一个客户单独使用而构建的云,因而提供对数据、安全性和服务质量的最有效控制。对于企业应用来说,在这中间可能跨内部云、外部云,也可能是自己建立的几个数据中心。比如,你的企业在上海、北京、广州都有数据中心,那么跨这些数据中心形成的虚拟私有云是一个逻辑上的整体,但物理上跨越了很多数据中心。私有云可部署在企业数据中心的防火墙内,也可以部署在一个安全的主机托管场所。私有云可由公司自己的IT机构或云提供商进行构建。

公有云:指为外部客户提供服务的云,它所有的服务是供别人使用,而不是自己使用。云服务遍布整个因特网,能够服务于几乎不限数量的拥有相同基本架构的客户。

混合云:指供自己和客户共同使用的云,它所提供的服务既可以供别人使用,也可以供自己使用。混合云表现为多种云配置的组合,数个云以某种方式整合在一起。例如,有时用户可能需要用一套单独的证书访问多个云,有时数据可能需要在多个云之间流动,或者某个私有云的应用可能需要临时使用公有云的资源。

云计算服务技术与GIS技术的结合，为地理空间信息的网络服务提供了广阔的应用前景。一些GIS软件商都推出了自己的云GIS产品，如ArcGIS、SuperMap等。

ArcGIS提供了云计算产品的解决方案，主要包括以下内容。

缓存的地图切片可以上传到云端，并在云端建立数据中心。云端缓存对于构建GIS系统来说是重要的。随着网络技术的发展，地图缓存已经成为提高地图服务访问性能的一个重要技术手段。缓存地图是否可以部署到云端或是否支持通过云端访问缓存地图，缓存地图与动态地图是否可以无缝结合应用，是目前GIS云计算建设的重要因素。

ArcGIS针对SaaS目前提供了Esri Business Analyst Online，允许用户将GIS技术结合大量的统计专题、消费者数据以及商业数据。这可以将按需分析、报表和地图通过Web进行传递。因为ArcGIS维护Esri Business Analyst Online，用户不需要担心数据管理和技术更新。

ArcGIS开发人员将内容和功能扩展至ArcGIS的PaaS上，并通过ArcGIS Web Mapping API，如由JavaScript、Flex等来提供，并在ArcGIS Online中管理。

ArcGIS已经提供了软件加服务的模式，可以让用户按需配置服务。在ArcGIS的ArcGIS Online Map和GIS Services上，用户可以快速访问制图设计，并可以添加用户自己的数据到ArcGIS的按需配置产品上。Maplt是另一个软件加服务的应用，可以让业务信息通过访问ArcGIS和Bing Maps的在线数据、基础底图和任务服务，来进行显示和更加精确的分析，并支持Windows Azure平台和Microsoft的Azure SQL 。作为一个社区云，ArcGIS的在线内容共享项目可以让用户或组织享受公有云的地理数据内容。亚马逊的EC2和S3计算和存储服务，可以让ArcGIS进行全天候的访问和维护内容。

网格计算可以说是云计算的萌芽，是云计算能够成为可能的助推器。网格技术中的分布式和并行技术也正是云计算的核心技术之一。但是网格技术强调的是利用闲散众多的CPU资源来解决科研或者大型企业领域中日益增长的密集型计算需求，而这不一定是云计算所必须具有的特征，云计算强调的是“云”就是一切，理想状态下，人们在“云”上得到一切需求，至于“云”是怎样构建的，并不是用户所关心的，也不需要用户参与。

4.分布式目录共享技术

根据SOA的思想,一切物理上分布的网络资源需要向目录服务中心服务器进行注册,建立主节点与分节点纵向贯通、横向互联的逻辑网络结构体系。在这种结构体系中,元数据的作用举足轻重。图4-6是分节点注册数据库与主节点注册数据库的注册模型。节点之间通过注册,产生节点元数据来建立节点之间的信息联系。通过注册管理同步节点之间的元数据。

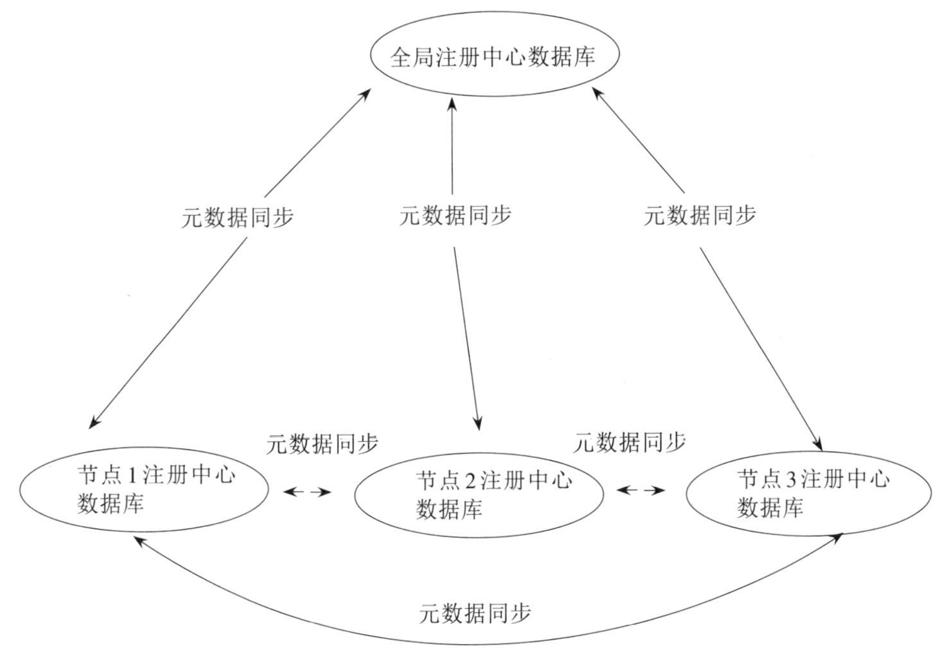

图4-6 分布式注册数据库与管理模型

例如,通过这个注册模型,可以建立国家级地理信息共享平台的多级结构。

元数据的存储是基于XML格式的,逻辑上分为两部分存储,常用的检索信息与数据库表字段进行映射,直接存在关系型数据库表记录中。对于更精细的XML数据,以整个文档为单位存储在数据库表中的大对象字段中,既加快了元数据的查询速度,又保证了元数据的完整性。

在SOA架构中,对于用户对多级服务器的并发访问和资源的协调调度处理,可以通过管理工具来实现。管理工具由探测连接的监听线程、处理瓦片地图请求的处理线程、维护处理线程的线程池以及网络负载计算等功能组成。

分布式资源目录服务的元数据的获取方式主要分为三类，即联邦式、完全复制式和收割式。用户通过服务发现工具搜索分布在不同服务节点的元数据，并绑定节点提供的服务。

5.服务组合技术

服务组合技术是将网络提供的各类服务资源进行聚合产生的业务流技术，在产业界和学术界有不同的解决方案和规范。

产业界服务组合规范是一种基于工作流建模的方案，通过预先建立组合服务模型，实现对业务流程的描述。不足之处：在描述形式上关注于底层IT实现细节（如消息编码、交互、服务描述等），操作细节需要在运行前设置好，无法在运行时改变，需要一个抽象模型来支持，等等。

学术界抽象模型具有高度的抽象性和严格的数学推理性，在模型正确性验证和推理分析方面具有强大的优势。不足之处：直观描述控制流，但数据流难以直接展现；需要用户有良好的数学基础，对模型语言有深入的了解，不适合非工作流模型的一般用户使用；没有商用和开源软件的支持，描述能力有限，需要自行开发建模工具及其执行引擎，以及提供对Web服务的支持。

空间信息服务组合的方法是OGC一直致力于推动服务链的研究应用。IS019119基于Web服务的地理信息服务框架规范中提出了服务链（组合服务）的基本概念。根据用户控制程度的不同，将服务链划分为三种类型：用户自定义链（透明）、流程管理链（半透明）和集成服务链（不透明）。提出基于有向图方式可视化表达服务链的思想，但对于服务链模型的元素构成、组合方式、流程控制等方面都没有明确定义，如何构建地理信息服务链也尚在探索之中。

现在服务组合的应用多直接使用产业界规范（如WS-BPEL）。基于WS-BPEL的地理信息服务组合方法为地理信息服务组合的构建提供了技术途径。不足之处：流程采用WS-BPEL描述，没有相关知识的用户难以建模或修改；WS-BPEL流程模型采用静态绑定方式，容易出现服务不可以用的情况。研究方面主要集中在建立地理信息本体、语义实现地理信息服务链的自动、半自动构建。采用工作流可视化建模方式，不依赖于本体和语义，可以成为现阶段一种实用化的方案，解决目前诸多缺乏语义信息的数据、服务资源未得到有效利用的现状。

武汉大学提出了一种数据依赖关系有向图和块结构结合，结构的地理信息服务链模型,有向图部分定义数据、服务节点及关系,块结构部分定义控制流及约束关系。其中,服务链建模工具担当客户端的角色,基于Eclipse插件模式和RCP富客户端技术构建,由注册中心客户端、服务链可视化编辑验证、服务链模型重用、服务链模型转换、WS-BPEL流程编辑器、流程发布等六大模块组成,并提供统一的用户界面。

注册中心客户端提供对遵循CSW接口规范的空间信息注册中心节点的添加、查询、删除,注册服务、数据条目的树结构组织显示和本地缓存功能,其中,服务条目遵循ISO19119分类体系进行树结构组织显示。该模块基于Eclipse的TreeView控件、Apache Axis2和DOM4J开发实现。

服务链可视化编辑验证模块提供拖拉式服务链建模、属性编辑、模型验证和模型持久化等功能,其中,服务链模型采用基于有向图和块结构的、描述数据流依赖关系的空间信息服务链元模型,并以与平台语言无关的XML格式持久化;验证算法基于模型图结构和属性完整性约束条件。其MVC基于流行的Eclipse图形编辑框架GEF、模型框架EMF和图形模型框架GMF开发实现。

服务链模型重用模块提供对已构建服务链模型的有效管理,支持以树结构显示服务链模型组件元素及属性,并支持以拖拉树节点方式重用模型元素。

服务链模型转换模块将空间信息服务链模型转化为工业界规范的业务流程执行语言WS-BPEL形式的流程模型。

WS-BPEL流程编辑器用于为WS-BPEL模型添加赋值转化操作,并方便WS-BPEL模型为流程添加错误处理及补偿机制等功能。

流程发布模块实现WS-BPEL流程的打包和部署功能,目前支持开源的Active BPEL Engine引擎及其部署格式。

6.地图切片与缓存服务技术

在进行Web地图服务时,地图数据的传输和显示性能是其重要的指标之一。Web地图中经常包含两类地图数据,一是用作参照的底图;二是业务(或专题)图层,用于在底图的顶部显示关注项,如在城市街道地图的顶部提供实时交通状况信息的在线制图服务是我们所熟知的一种服务,这个城市街道地图就是底图,实时交通状况信息图层为业务图层。底图不会发生大的变化,可有多种用途。业务图层,则变化频繁,且具有特定的用途和用户。

为了有效维护Web地图的传输和显示性能,底图和业务图层经常需要分别制定各自的策略。在创建Web地图时,将底图与业务图层分离开来处理。通常,底图几乎不需要进行维护,且应始终对其进行缓存;而对业务图层,则需要采取一些其他策略,来提高显示最新数据的质量。因此,在进行Web地图服务时,需要首先创建两份地图文档,然后发布两个不同的地图服务。每个地图服务均成为整个Web地图中的一个地图服务图层。地图服务图层源自地图文档,而地图文档中可能包含许多个图层。

除了底图一般需要始终采用缓存外,如果地图中包含的数据信息不大可能发生变化,则应考虑缓存该地图以提高性能。只要条件合适,就应该创建地图缓存。但是,如果其中的大量数据都需要频繁更改,则创建和维护地图缓存并不切实可行。

地图缓存是使地图和图像服务更快运行的一种非常有效的方法。创建地图缓存时,服务器会在若干个不同的比例级别上绘制整个地图并存储地图图像的副本。然后,服务器可在某人请求使用地图时分发这些图像。对于服务器来说,每次请求使用地图时,返回缓存的图像都要比绘制地图快得多。缓存的另一个好处是,图像的详细程度不会对服务器分发副本的速度造成显著影响。

缓存地图是对原始地图建立的多级分辨率金字塔结构的影像(栅格)数据,且每级影像进行了切片和索引处理。

缓存不会自动进行。要进行缓存,首先需要设计地图并将其作为服务进行共享,然后,设置缓存属性并开始创建切片。既可以选择一次创建所有切片,也可以允许按需创建某些切片。

地图缓存数据存储于服务器缓存目录中。如果要制作缓存地图,首先需要制订地图的切片方案。针对缓存地图创建所选择的比例级别和所设置的属性都属于切片方案。每个缓存都有一个切片方案文件,可在创建新缓存时直接导入,以确保所有缓存都使用相同的切片大小和比例,这有助于提高包含多个缓存服务的Web应用程序的性能。地图缓存代表着某个时刻点的地图快照。正因如此,缓存非常适用于不经常变化的地图,如街道图、影像图和地形图等。

尽管地图缓存代表的是数据图片,仍然可以允许用户在地图服务器上执行识别、搜索和查询操作。这些工具可以从服务器获取要素的地理位置并返回相应的结果。应用程序会在缓存图像之上以其本地图形的图层格式绘制这些结果。缓存地图必须通过发布地图服务,才能使其产生缓存作用。

在创建缓存地图时,需要对地图缓存进行规划,形成切片方案文件。地图缓存规划主要解决以下问题。

选择缓存比例级别,即确定缓存地图需要多少级的金字塔层数。选择缓存的比例级别时,切记地图的放大比例越大,覆盖地图范围所需的切片就越多,而生成缓存所需的时间也就越长。在每次二等分比例的分母时,地图中的每个方形区域将需要四倍的切片数来覆盖。例如,1∶500比例下的方形地图包含的切片数是1∶1000比例下的地图所包含切片数的4倍,而1∶250比例下的方形地图包含的切片数是1∶1000比例下的地图所包含切片数的16倍。选择的缓存比例级别过多或过少,都会影响缓存的性能。过少,会因细节层次少而影响显示效果;过多,则会因数据量大,占据较大的存储空间而影响缓存时间。除了选择合适的缓存比例级别数外,还要确定缓存的最大、最小比例。

确定要缓存的兴趣区域。主要用于自动建立缓存时,确定地图的哪些区域将会创建切片。可以将全图范围作为兴趣区域,也可以是地图的当前显示范围,还可以是基于某个地理要素边界所确定的区域。前两者是矩形区域,后者是不规则的多边形区域。

选择切片数据的存储格式。确定地图服务在创建切片时要使用的输出图像格式是十分重要的,因为这将决定切片在磁盘上的大小、图像质量以及能否使切片背景透明等。

确定地图切片的原点位置。切片方案原点是指切片方案格网的左上角。进行缓存时使用公用切片方案原点可确保它们能够在Web应用程序中相互叠加。

大多数情况下,应保持软件选择的默认切片方案原点。默认原点为地图文档定义的坐标参考的左上角的点。

如果将切片方案原点更改到非默认位置,则应注意只能在切片方案原点右下方的地图区域中创建切片。如果只想缓存地图的某一区域,相对于更改切片方案原点,基于要素类边界创建切片是更好的选择。

确定每英寸点数(DPI)。每英寸点数(DPI)是指服务器将生成的缓存切片的分辨率。默认值96通常可以满足需求,除非在所工作的网络中,大多数客户端计算机都具有不同DPI。请注意，调整DPI会影响切片的比例。

确定切片高度和切片宽度。切片的默认宽度和高度为256像素，建议使用256像素或512像素。如果要构建的缓存将叠加另一个缓存，应确保对两个缓存均使用相同的切片宽度和高度。

选择较小的切片宽度和高度可提高向缓存请求切片的应用程序的性能，因为需要传输的数据较少。但对于松散缓存，切片越小，缓存越大，且创建时间越长。

要取得良好的地图缓存效果，就需要良好的创建地图缓存切片的策略。创建和存储地图与影像服务缓存需要占用大量的服务器资源。如果缓存非常小，则可以在可接受的时间内，在所有比例级别下创建切片。如果缓存范围很大，或者其中包含了一些非常大的比例，则可能需要更有策略地选择要创建的切片。

在小(缩小)比例下创建缓存非常简单，在这类比例下，仅需要较少的切片即可覆盖整个地图。小比例切片也是最常访问的切片，因为用户在执行放大操作时，将依靠这些切片来获取地理环境。

大(放大)比例切片则需要花费更长的处理时间和更多的存储空间来进行缓存，而且，大比例切片的访问不如小比例切片的访问那样频繁。

进行大型缓存作业时，最好是在小比例下构建完全缓存，大比例下构建部分缓存。部分缓存只包含预期最常访问的区域。可以用按需缓存填充未缓存区域，或者将其显示为数据不可用切片。

二、基于大数据的数字地球、数字城市与智慧城市

自1998年提出数字地球的概念以来，建设数字地球和数字城市的计划在一些国家和地区迅速展开，并在技术应用方面不断得以发展。智慧地球和智慧城市正是这种发展的新阶段。

智慧地球和智慧城市通过物联网、动态感知网和云计算等技术，将数字地球和数字城市与现实地球和现实城市联系起来，极大地推动了人类利用地理空间信息的能力。同时，也推动了GIS在专业领域的智能化建设进程。

(一)数字地球、数字城市与智慧城市的概念

数字地球是集多种现代信息技术为一体的计算机信息系统。关于“数字

地球”概念的描述很多,如数字地球是关于地球的虚拟表达,并使人们能够探索和作用于关于地球的海量的自然与文化信息集合;数字地球是一个共享经过地理参考处理的地理数据的环境,它是基于OpenGIS标准和因特网传输这些数据的。

从上面的描述可知,数字地球是一个多分辨率、多空间尺度的、虚拟表达的三维星球;具有海量的地理空间编码数据;可以使用无级放大率进行放大;在空间内的活动是不受限制的,而且在时间空间也是如此。

数字城市是数字地球技术在特定区域的具体应用,是数字地球的重要组成部分,也是数字地球的一个信息化网络节点。因此,数字城市的框架应与数字地球相一致,只是在表达尺度上更注重微观表现,在深度和广度存在区别。

数字城市通过宽带多媒体信息网络、地理信息系统等基础设施平台,整合城市信息资源,建立电子政务、电子商务、劳动社会保障等信息系统和信息化社区,实现城市国民经济和社会信息化,是综合运用GIS、RS、GPS、宽带多媒体网络及虚拟仿真技术,对城市基础设施功能机制进行动态监测管理以及辅助决策的技术体系。数字城市具备将城市地理、资源、环境、人口、经济、社会等复杂系统进行数字化、网络化、虚拟仿真、优化决策支持和可视化表现等强大功能。

具体地讲,数字城市的基本内容和任务包括对城市区域的基础地理、基础设施、基本功能和城市规划管理、地籍管理、房产管理、智能交通管理、能源管理及企业和社会、工业与商业、金融与证券、教育与科技、医疗与保险、文化与生活等各个子领域经数字化后,建立分布式数据库,通过有线与无线网络,实现互联互通、网上管理、网上经营、网上购物、网上学习、网上会商、网上影剧院等网络化,确保人地关系的协调发展。数字城市是一个结构复杂、周期很长的系统工程,在建设进度上必然会采取分期建设的方式。

在科学层面上,数字城市可以理解为现实城市(实地客观存在)的虚拟对照体,是能够对城市“自然—社会—经济”复合系统的海量数据进行高效获取、智能识别、分类存储、自动处理、分析应用和决策支持的,既能虚拟现实,又可直接参与管理和服务的城市综合系统工程。

在技术层面上,数字城市是以包括地理信息系统(GIS)、全球卫星导航定位系统(GPS)、遥感(RS)和数据库技术等在内的空间信息技术、计算机技术、现代通信信息网络技术及信息安全技术为支撑,以信息基础设施为核心的完整的城市信息系统体系。

在应用层面上,数字城市是在城市自然、社会、经济等要素构成的一体化数字集成平台上和虚拟环境中,通过功能强大的系统软件和数学模型,以可视化方式再现现实城市的各种资源分布状态,对现实城市的规划、建设和管理的各种方案进行模拟、分析和研究,促进不同部门、不同层次用户之间的信息共享、交流和综合,为政府、企业和公众提供信息服务。

智慧城市是数字城市的智能化,是数字城市功能的延伸、拓展和升华,通过物联网把数字城市与现实城市无缝连接起来,利用云计算技术对实时感知数据进行处理,并提供智能化服务。简单地说,智慧城市就是让城市更聪明,本质上是让作为城市主体的人更聪明。

智慧城市是通过由智能化传感器连接起来形成的物联网,实现对现实城市的全面感知,利用云计算等技术对感知信息进行智能处理和分析,实现网上"数字城市"与物联网的融合,并发出指令,对包括政务、民生、环境、公共安全、城市服务、工商活动等在内的各种需求做出智能化响应和智能化决策支持。

(二)数字城市与智慧城市的关系

数字城市是现实城市的数字化表示,而智慧城市则是数字城市的智能化表示。现实城市、数字城市和智慧城市的区别可以通过它们对城市地理信息的记录方式加以区分。在数字城市出现以前,我们记录城市的方式主要是物理记录方式,如纸质图片、胶片视频、纸质地图和纸质文字等。

数字城市记录城市的方式是数字化方式,如通过数字影像、三维数字模型、三维数字地形、数字地图和数据库等,信息使用效果好于物理记录方式,但存在智能化程度低的问题。

智慧城市记录城市的方式是在数字城市的基础上添加智能感知元素、智能计算元素和智能处理元素等,形成智能化程度高的数字城市。这些智能元素主要有云计算、物联网、感知网和决策分析模型等。

数字城市是"现实城市"的虚拟对照体,两者是分离的;而"智慧城市"则是通过物联网和感知网把"数字城市"与"现实城市"连接在一起的,本质上是物联网与"数字城市"的融合。

(三)数字城市和智慧城市的框架

地理空间框架与地理信息公共平台是构建数字城市和智慧城市的基础。数字城市的技术框架为三层结构体系,分别由相互联系的支撑层、服务层、应用层构成,以及与之相关的技术标准体系、技术支持和保障体系等。

支撑层主要是数字城市基础地理信息和专业领域的采集处理和存储的软硬件设备,由面向政务、专业和公众的不同版本的地理数据库组成,是建设"数字城市"的空间信息基础设施。

服务层是数字城市资源的管理者,也是服务的提供者。根据我国地理信息公共平台的建设要求,需要建立专业、政务和公众三个物理隔离的服务平台。考虑到对数据共享和分发服务的需求,应采用国际上流行的中间件技术设计开放的公共数据服务和应用服务平台,符合数字城市自身的需求和扩展需求。其开放性表现在与国际和国家信息化,特别是国家空间信息网格建设的技术接轨。

应用层是面向城市各类用户提供基础地理信息服务的主要应用系统集合,主要向政府、企业、社会公众等提供规划、地籍、房产、土地、管线、地名、控制测量成果等空间信息查询、综合决策、三维虚拟城市及空间分析等支持功能。

政策法规、组织领导、标准体系与技术支持等是顺利完成和实现数字城市的重要软环境保障和支撑。制定必要的、具有针对性的政策法规,建立一个坚强有效的领导和协调体系机制,是建立严密的工程组织管理体系、质量保证体系的必要前提。建立和完善技术标准体系、研发和采用先进实用技术,是保证系统标准化、技术接轨以及系统可持续发展的技术基础。

数字城市建设是在高速宽带计算机网络的基础上,将通过数字测图、地图数字化、GPS测量、遥感及数字摄影测量、外部数据交换等手段采集到的各类基础地理信息存入相应的数据库系统,形成以数据中心为核心的高效数据存储管理体系。在数据库系统的基础上,通过以数据共享服务、应用服务为特征的数据存取中间件、应用服务中间件,为社会各阶层提供应用服务和决策支持。应用服务平台中的应用服务中间件、数据仓库、模型库、知识库、数据共享交换、元数据服务等各部分之间没有固定的层次关系,而是通过标准的操作协议互相关联、协同工作,共同支持业务系统的实现。应用系统根据应用需求,在标准的服务协议支持下向服务平台请求各种中间件服务，完成系统的处理功能，实现系统的集成。

数字城市建设的核心技术是数据共享与交换网络建设，其中，数据中心和分数据中心的分布式网络化存取、管理是关键。

数据中心接收各职能部门分数据中心提供的数据，并通过统一的平台和接口为各应用系统和社会各阶层提供数据共享和交换服务，并负责数据库系统的总体管理与设计，包括统一的数据结构、统一的公共参照系、统一的数据标准和规范，负责数据的发布，以及数据中心数据库的建库、存储管理、数据备份、数据存档等工作。数据中心负责监督分数据中心的工作，且数据中心的数据库为各分数据中心提供实时镜像数据库。

分数据中心存放各相应职能部门的业务数据。各分数据中心负责本部门的数据库建库、更新、维护和备份，并负责上传镜像数据库到数据中心。

数字城市的基础数据库体系主要有基础地图数据库、规划用地数据库、地籍数据库、房产数据库、市政管线数据库、土地数据库、控制测量成果数据库、地名数据库、影像数据库和元数据库等组成。这些基础数据库是多尺度的(多比例尺、多时相、多分辨率、多精度、多数据格式等)。

在智慧信息基础设施建设中，物联网和感知网都是重要的。一方面，通过物联网把城市元素联系起来；另一方面，通过感知网动态感知城市元素的变化。在服务层，增加的云计算服务、工作流建模和服务链建模，以及智能化的信息服务，为处理地理信息的大数据计算提供了强大的计算能力和服务能力。这些智慧元素都极大地提高了数字城市的智能化程度。

三、基于大数据的GIS与地理国情监测

地理国情监测是多种现代信息技术的综合应用，GIS技术是其进行时空数据处理、管理、分析、共享、显示和应用的主要技术。

(一)地理国情监测的概念

地理特征要素、地理环境、地理过程和地理现象，以及人文、经济、社会等的基本状况及其变化信息，是人们进行科学解释、科学管理和决策活动的重要信息。获取这类信息的重要手段和方法就是对其进行监测。

监测的直接解释是监视、检测和测量，是指在调查研究的基础上，监视、检

测和分析所关注对象的各种数据信息的全过程。对关注对象的基本情况和变化状况数据的获取和分析利用是监测活动的基本内容和目的。在管理和决策活动中,人们关注的对象是多方面的,包括自然、人文、社会、政治和经济等。反映这些对象的基本信息,可能是静态的,也可能是动态的;可能是空间的,也可能是非空间的;可能是显而易见的,也可能是隐含在数据中间的。对一个国家而言,将这类监测得到的数据信息称为国情。

国情是一个国家的社会性质、政治、经济、文化等方面的基本情况和特点。描述国情的数据可以是文字、符号、图形、图像、统计数据、模型、动画、虚拟现实等多种形式。至于省情、市情、县情等概念,则可以认为是在不同地域范围监测尺度上,对国情更为精细的描述。当然,从概念的实质和作用范围讲,地情包含国情、省情、市情、县情等。国情数据有一部分是与地理位置有关的,称为地理国情。

地理国情是空间化、可视化的国情信息,是从地理空间角度分析、研究、描述和反映一个国家自然、经济、人文和社会的国情信息。地理国情包括国土疆域概况、地理区域特征、地形地貌特征、道路交通网络、江河湖海分布、土地利用与地表覆盖、城市布局和城镇化扩张、灾害分布、环境与生态状况、生产力空间布局等基本情况。

地理国情监测是综合利用全球导航卫星系统、航空航天遥感、地理信息系统等现代测绘技术和地理、人文、社会经济科学调查技术,综合各时期档案和调查成果,对地形、水系、湿地、冰川、沙漠、地表形态、地表覆盖、道路、城镇等要素进行动态化、定量化、空间化的持续监测,并统计分析其变化量、变化频率、分布特征、地域差异、变化趋势等,形成反映各类资源、环境、生态、经济要素的空间分布及其发展变化规律的监测数据、地图图形和研究报告等,从地理空间的角度客观、综合展示国情国力。概括地说,它以地球表层的自然、生物和人文三个方面的空间变化和它们之间的相互关系特征为基础内容,对构成国家物质基础的各种条件要素进行宏观性、综合性、整体性的调查、分析和描述。

(二)GIS与地理国情监测的关系

地理信息系统(GIS)是地理国情监测的支撑技术,为地理国情监测提供数据管理、数据建模、空间化、可视化、数据分析利用、地学计算、动态模拟、数据表达、成果表示、成果管理和数据共享服务的工具。地理国情监测是地理信息系统的重要应用领域和应用发展方向之一。

GIS为地理国情监测提供基本的数据管理、处理、分析、数据表达、可视化技术支持，至少在以下方面对地理国情监测产生作用：为地理国情监测提供时空数据处理、建库、管理、建模、时空查询和时空索引技术支持；为地理国情监测的社会经济数据提供地理编码、空间插值和可视化技术支持；为地理国情监测提供多尺度数据表达和尺度转换技术支持；为地理国情监测数据的整合提供技术支持；为地理国情监测数据的空间操作分析提供技术支持；为地理国情监测的空间数据统计分析、时空数据挖掘分析提供分析环境；为地理国情监测成果表达、专题制图、动态模拟、仿真等地理可视化提供方法和环境；为地理国情监测信息的共享、数据交换、成果发布提供服务平台技术。

随着GIS向着网络化、智能化、动态化、信息化服务方向的发展，地理国情监测与GIS的应用具有很多契合点。以智慧城市为例，主要表现在以下方面。

感知现实世界的任务目标相同。如在智慧城市建设方面，智慧城市的目标是全面动态感知城市，面向城市的政府、企业和公众提供信息服务。地理市情监测是从地理角度，描述城市特征和变化，是智慧城市建设任务的一部分。

信息共享服务平台需求基本一致。常态化综合的地理市情监测需要分布式云计算环境作为支撑，共享和交换各部门的专业地理监测信息。

多元地理信息获取技术基本趋同。地理市情监测侧重地理变化信息的获取，智慧城市的航天航空遥感、低空无人机遥感、GPS和移动测量、专业监测（气象、环境、生态、水文、地震等）等组成的广义物联网可以与地理市情监测共建共享。

信息表达、处理、管理和分析方法基本一致。地理市情监测在时空信息的表达、处理、管理和分析方面，与智慧城市具有很多共同点。但前者更强调时空建模、时空分析和时空过程的模拟。

信息网络发布方式可以共用。通过智慧城市平台发布地理市情监测信息是一个明智的选择，但地理市情监测信息通过发布会发布监测报告也是常见的形式。

第五章 基于大数据的数据混合计算软件平台设计与应用

随着计算机技术的高速发展,传统行业逐渐向数字化企业转型,企业数据资源总量逐年呈增长趋势。数据的价值不仅存在其表面,还可以通过处理和分析技术创造出新价值。医疗机构的信息系统产生的数据量大且种类多,因此需要一个大数据混合计算软件平台,它既能支持多种类型的数据源,又能提供全面的一站式数据计算服务满足医疗科研的各种需求。目前工业界的商业大数据平台的使用费用昂贵且部署维护困难,而且数据保密性较高的医疗机构使用商业软件会产生诸多顾虑。在平台内使用的数据计算技术中,数据连接多用于数据合并、多表联合分析等操作,但是数据倾斜影响计算单元负载均衡一直是阻碍其性能提升的研究瓶颈。不同业务场景需要不同类型的查询技术方案来满足,这给使用人员带来了众多工具复杂的学习门槛,而且每次查询都需要人工判断最合适的引擎。为解决这些问题,我们通过深入研究大规模数据连接过程及其性能影响因素,设计并实现了一种基于Spark的数据连接优化策略,它能高效地处理大规模数据,同时支持等值连接,而且对于倾斜严重的数据有很好的性能稳定性。此外,我们还研究了一种能同时满足多种查询需求的混合查询引擎,它是将Spark SQL和Apache Kylin模块拆分,并添加统一查询解析模块和路由策略进行重构。依据这两个研究的成果,我们优化了平台内相关的计算技术,在Spark的环境下研究了集多种数据计算于一体的数据混合计算软件平台,平台主要包括数据管理、数据处理、数据查询和数据工厂四大模块。

本章以Spark为例,详细阐述其在数据混合计算软件平台中的设计与应用。

第一节 数据混合计算软件平台概述

一、研究背景及意义

近年来，随着计算机技术的高速发展，传统行业逐渐向数字化企业转型，企业数据资源总量逐年呈增长趋势，据工业和信息化部电信研究所调查发现，目前30%的企业拥有的数据资源总量超过了500TB。在大数据时代，数据代表着企业的财富和价值已成了经济社会公认的真理。越来越多的企业为了最大化地利用数据，它们不仅获取数据表面存在的价值，而且希望通过处理和分析数据创造出的新价值，因此数据处理和分析等数据计算技术成为各大企业主要发展点。①

医疗机构拥有多个医疗科研和公共卫生服务项目管理信息系统，并由此产生了孕前检查、健康体检和遗传资源等方面的数据。不同系统产生的多种类型的数据需要统一的管理，同时，科研人员为了挖掘数据中蕴藏的更有价值的信息，需要对数据进行处理、查询、分析等数据计算操作，并生成直观易懂的可视化图表。然而在大数据的时代背景下，当前使用的基于传统数据库技术的企业事务处理系统已经不能满足这些需求，因此医疗机构需要一个大数据混合计算软件平台，它既能支持多种类型的数据源，又能在大数据的环境下提供全面的一站式数据计算服务，包括从数据管理到数据处理，将计算结果存放到可以查询的数据库或者存储介质上，最后医疗科研人员可以得到结果数据的可视化展示。

目前大型互联网公司已经基于Hadoop、Spark等大数据框架及其相关组件设计并构建了功能全面的大数据计算软件平台架构，用于公司内部日常业务使用的同时也提供对外的商业平台服务。但是由于广阔的服务覆盖面，这些工业级的数据平台设计得非常庞大和复杂，因此部署和维护起来较为困难。而且医疗机构的数据保密性等级较高，使用商业数据平台会带来较大的数据安全隐患。同时这些面向企业级综合需求的数据计算软件平台缺乏与某一领

①阳王东，王昊天，张宇峰，林圣乐，蔡沁耘．异构混合并行计算综述[J]．计算机科学，2020(8):5-16.

域特点服务的密切耦合,导致数据脱离生产环境后平台内系统无法解析出数据的完整含义,最终使整个平台产生"数据孤岛"的现象。

在数据查询计算方面,医疗机构的科研人员既需要基于相对固定的业务和指标的部分数据快速查询和报表分析服务,又需要全量数据的精确查找和无须预计算的即时查询服务。当前大型公司通过在平台内部搭建多种查询引擎来满足多种需求,但是这样会导致同一数据源需要生成多份数据来适应多种工具,同时业务人员每次作业都需要判断使用哪种工具能最快地得到查询结果。在数据处理计算方面,医疗机构的科研人员经常在数据合并、多表联合分析等常用数据处理作业中使用数据表连接操作。近年来国内外学术界对于数据表等值连接研究成果较为丰富,解决了大规模数据等值连接效率低和连接过程复杂的难题。然而对于θ连接,不仅Spark等计算框架没有相关方法函数,而且由于它的连接条件任意复杂而产生的巨大消耗以及目前学术界的已有研究可知影响θ连接计算效率的因素需要更深入的研究,因此θ连接的优化效果还有很大的提升空间。

综上所述,针对上述学术和应用上的缺点和问题,笔者依据具体需求研究基于Spark的数据混合计算软件平台,同时对数据连接技术和数据查询技术进行研究与优化,并且把它们应用到平台相关模块。

二、研究现状

本节首先介绍了数据计算软件平台的发展由来和当前对外的商业大数据计算软件平台的缺点和不足,然后介绍混合计算平台内数据连接技术的国内外研究现状,最后介绍了混合计算软件平台内的数据查询技术的发展历程,同时简单地阐述了当前企业数据查询引擎应用中的缺点和不足。

(一)数据计算软件平台的研究现状

随着互联网技术的飞速发展,集成化数据环境的代名词经历了多次变换,从初期的"数据库系统"到"数据仓库"及其附带的各种数据计算处理工具,再到目前大型企业用于日常业务使用的"数据平台",每一次变换都带来了一场由业务到技术最后反映到架构的渐变式变革。

数据计算软件平台发展早期,企业数据的生产环境大多是一些典型场景,比如人事信息管理、银行交易、企业日常运作等。这些场景产生的数据都属于结构化数据,它们的信息类型较为固定,而且元组的排列也很规整,所以在这些场景下企业都会面临事务一致性方面的需求。由于关系数据库能很好地表示和存储结构化数据,同时关系型数据库拥有自带的事务管理机制,因此早期企业以传统数据库技术为核心并借助数据访问技术和系统开发框架构建了企业信息管理系统,业务人员可以使用它对企业数据进行统一的管理和控制。这类信息管理系统还可以依靠内部融入数据库SQL技术的应用程序为具体业务需求提供数据查找和数据统计等操作。

企业经历多年的信息化发展,在业务场景不断丰富和企业应用系统规模不断扩大的同时,其所产生的数据也成指数级迅速增长。逐年累积的超大规模的企业数据已经远远超出了基于传统数据库技术的信息系统的处理能力。2006年至2008年,相继出现了分布式文件系统HDFS、分布式编程模型MapReduce、运算资源调度系统YARN,并基于它们实现了针对海量数据处理的分布式开源项目Apache Hadoop,同时许多基于Hadoop的工具和组件也被开发出来。但是这个时期的大数据工具功能较为单一,需要通过多个工具配合才能完成数据开发任务,比如完成数据报表作业首先需要在企业在线运作系统获得原始数据并通过MapReduce编程模式的程序对数据整合、清洗,然后把处理后的数据加载到Hive中,最后使用Hive SQL对数据进行查询和统计,或者使用BI工具生成可视化报表。

目前,各大互联网公司推行平台化、服务化、模块化的创新理念来构建企业大数据架构,这样可以减少之前以产品为单位的数据计算工具的开发重复度,使各个业务团队基于平台的能力完成自己的数据应用需求,同时通过把各个业务组件抽取为服务,使其有明确的业务边界,便于平台模块化解耦和模块应用升级。当前,大型公司构建大数据计算软件平台不仅支撑公司内部日常运作,也提供对外的商业服务平台,如百度天算、阿里数加、华为企业云等。但是这些公司内部使用的平台往往构建多层且复杂的技术架构用于支持种类繁多的业务需求,使得它们难以部署到公司外部环境中,而且平台使用人员和维护人员需要有很高的专业能力。然而这些公司对外提供的商业数据计算软件平台大多都以云服务为基础,它们提供了方便易操作的使用流程从而降低了用户的使用门槛,但是使用云平台交换数据行为时难免会造成数据泄露等安全隐患,而且这些对外的商业平台使用费用都较为昂贵。

(二)数据连接技术研究现状

在数据处理的各种计算类型中,数据连接属于其中计算消耗最大的操作之一。数据连接包括等值连接和θ连接,由于θ连接条件复杂,它产生的消耗远大于等值连接。

目前常用的分布式计算框架如Hadoop、Spark等都有提供数据表等值连接的接口方法,数据表等值连接目前在工业界的使用已经趋于成熟。近些年为了提高大规模数据表等值连接效率,国内外学者进行了深入的研究并取得了优秀的研究成果。

目前Hadoop、Spark框架还没有提供θ连接的相关方法函数,在其中使用θ连接需要先对两表进行笛卡尔积,然后通过连接条件过滤得到结果,但是由于数据量庞大使计算笛卡尔积的过程产生内存溢出导致任务失败。当前业界研究人员使用基于分布式计算理念的θ连接方案,它首先进行数据准备构建θ连接数据结构,然后使用分配算法把数据分配到多个计算单元得到结果并整合。

(三)大规模数据查询技术研究现状

早期数据查询技术依靠基于传统数据技术的联机事务处理系统(On-Line Transaction Processing,OLTP),即上文提到的早期企业数据库系统,它主要用于基本日常事务,分析处理数据的能力不强。关系数据库之父埃德加·考特于1993年提出了联机分析处理(On-Line Analytical Processing,OLAP),它支持复杂的多维度查询分析操作,更适合从数据中提取有价值的信息,因此基于OLAP技术的查询引擎已成为数据查询引擎的主流。

近些年来,分布式环境下的大规模数据OLAP引擎层出不穷,它们可以分为以下两类:基于关系数据库实现的ROLAP(Relational OLAP)、基于多维数据组织的MOLAP(Multidimensional OLAP)。

ROLAP引擎是将分布式数据仓库技术和MPP技术相结合实现的,代表的有Impala、Spark SQL。查询时需要解析语句,生成逻辑和物理执行计划后,才能得到查询结果,所以它的实时交互性较弱。因此ROLAP工具用于全量数据的即时查询和批量数据查询等。

MOLAP引擎是基于空间换时间的理念,需要对测量结果预计算才能进行查询分析,代表的有Apache Kylin。它的预计算时间过于漫长,而且查询数据源大小和分析维度数量都存在限制,因此MOLAP适合于企业中相对固定的业务数据快速查询和查询条件多变且交互性很高的即席查询。

在工业界的实际应用中,大型企业往往存在众多不同类型的查询业务场景,因此需要在企业的大数据计算软件平台内搭建多种OLAP引擎来满足不同查询需求。但是这样会导致业务人员需要学习多种查询引擎的使用方法,而且每次查询作业都需要人工判断使用哪种引擎能高效地得到结果数据,从而给业务人员日常使用带来了不便。同时多种查询引擎产生的不同数据建模类型使得整个查询平台的数据流向会变得混乱不堪。

三、主要研究内容

随着时代的发展,传统企业逐步走向数字化道路,它们通过搭建平台化数据计算架构,使业务人员能在同一平台内进行全面数据计算服务以获取完整的数据价值。为了解决海量数据计算性能的挑战和满足业务场景的多种新需求,高性能、高可用、低门槛的数据计算技术成为当前非常有意义的研究热点。本书介绍了基于Spark生态环境实现的数据混合计算软件平台,提供医疗机构医学科研实际场景所需的多种数据计算服务,并且结合国内外的相关研究对平台内部的数据连接技术和数据查询技术进行深入的研究与优化。

基于Spark的数据表连接优化策略的研究。数据表连接技术多用于数据合并、多表联合分析等操作,数据倾斜影响计算单元负载分配均衡的问题一直是它的性能提升的瓶颈。通过数据倾斜和数据聚集带来的数据复制传输消耗的分配算法,在Spark环境下实现了同时适用于等值连接和θ连接的数据连接优化策略,并且优化后的算法计算效率高于其他对比算法,特别是对于θ连接性能提升更加显著,同时该优化算法对于倾斜严重的数据有很好的性能稳定性。

基于Spark SQL和Apache Kylin的混合查询引擎(Hybrid Query Engine,HQE)的研究与实现。在平台内多种查询引擎并存且通过人工选择为不同业务场景服务的方案中,使用人员需要掌握多种引擎,同时人工很难准确判断最合适的引擎。本章节研究一个能同时满足多种不同业务需求的实时数据查询引擎,通过在已有的Spark SQL和Kylin的物理执行模块的基础上,添加了统一查询解析模块,并提出了查询路由策略进行最合适的查询路由。混合查询引擎可以满足多种查询需求并自动选择最快的物理执行过程得到查询结果数据。

基于Spark的数据混合计算软件平台的设计。目前对外的工业界大数据平台的部署和维护过程较为困难而且使用费用较为昂贵,同时数据保密性较高的国家级组织和企业,不适合使用外部平台,而且其数据计算功能的专业性较差。在Spark环境下的混合数据计算软件平台提供全生命周期的一站式数据服务,具体包括数据管理、数据处理、数据查询和数据工厂四大模块。根据医疗机构的实际应用场景进行从功能到技术的需求分析,模板化医疗科研常用具体数据处理步骤并加入平台数据处理模块,同时设计拖拽式前端页面设计降低平台学习门槛,从而方便科研人员的操作。

四、相关技术及工具

(一)分布式计算框架Spark

1.Spark及其生态环境

目前在大数据学术界和产业界中Spark有两层含义,狭义上指的是Spark这个分布式计算框架项目,广义上是指依靠于Spark项目的各种大数据组。

Spark对MapReduce类的计算框架进行了改进,它不需要使用磁盘来缓存计算中间结果,直接使用在内存环境中完成整个数据计算操作,这样大大地提升了数据处理的速度。

在分布式计算框架Spark的基础上,为了解决大数据环境的多种计算任务,Spark团队开发了多个高级组件,如流式计算框架Spark Streaming、数据分析机器学习库MLib、实时数据查询组件Spark SQL、图计算组件GraphX等。Spark虽说是对MapReduce类的Hadoop计算框架的改进,但并不是完全地替代了Hadoop的整个生态环境。合理地结合Spark框架与Hadoop生态环境组件可以提升数据计算效率和高效处理复杂业务的计算或分析任务,如Spark on YARN就是通过Hadoop资源管理器YARN来管理Spark任务提高计算性能,Spark的底层数据存储也是依赖于Hadoop上的分布式文件系统HDFS,Hive、HBase等数据仓库和数据库也常用于Spark环境下数据分析的处理任务。因此,Spark大数据环境既包含了Spark计算框架及其相关组件,也包括能配合Spark使用的Hadoop生态环境下各种组件。本章所有的研究以及混合平台的实现就是通过Spark生态环境内各种组件的紧密合作而完成的。

2.Spark 数据计算单元

Spark 最初使用RDD作为数据处理的基本抽象单元，简单来说，RDD就是一种数据结构，包含了数据和操作数据的方式。我们在使用函数式的RDD API进行数据处理时，更倾向于创建新对象而不是修改老对象，这样会使Spark应用程序在运行期倾向于创建大量的临时对象，对整个集群的GC造成压力。后续Spark版本陆续出现了以RDD为基础的更加抽象的结构化数据单元DataFrame和DataSet，它们可以直接使用Apache Catalyst框架的优化模块，尽可能地重用中间数据处理对象，加快了数据处理的性能。

DataFrame借鉴了Python的pandas库中的dataframe数据类型，它在RDD的内部存储结构的基础上加了表头信息（Schema）。DataSet能提供面向对象的接口编程能力，它可以认为是DataFrame的特例，即DataSet每一个记录存储的是一个强类型对象而不是一个基于Schema的结构体。

RDD、DataFrame、DataSet作为Spark的基本数据单元，都提供多种数据处理的算子，它们可以分为两类：转换算子（transformation）和执行算子（action）。转换算子可以理解成一种惰性操作，当进行数据转化的时候，它只是定义一个新的数据单元，而不是立即执行它进行计算。执行算子则是真正地运行Spark作业，触发转换算子的计算，并返回结果给程序。RDD的操作算子更贴近物理执行较为低等级，而DataFrame和DataSet的操作算子封装的等级高，并更靠近用户实际处理需求。

（二）数据连接模型结构

1.向量型结构

数据表的连接实际上是将来自不同表的行元组按照连接条件进行组合的过程，因此把数据表转化为列向量能非常简明地表示连接过程。向量型的结构把数据表的行元组转化为连接属性和其他属性的键值对（连接属性为键，其他属性的集合为值），即把数据表转化为元组为键值对的列向量。

向量型的数据结构广泛地使用在数据库和MapReduce框架中基于Hash技术的数据连接方案中。基于Hash技术的向量型结构的连接方案首先把连接数据表分为基础表（Build Table）和探针表（Probe Table），并将它们转为元组为键值对的列向量，其次依次读取基础向量的元组并计算连接属性的Hash值，构建基础向量的Hash表，然后探针向量依次使用元组与Hash表进行探测匹配,如果两者连接属性相同表示匹配成功满足连接条件,最后整理匹配成功的结果得到数据表连接结果。

2.矩阵型结构

连接矩阵是一种用于大规模数据表连接的数据结构,横纵坐标代表两个数据源的连接属性的取值,中间的单元格代表数据表元组交叉连接后一个记录。

任何连接条件的数据表连接的结果都是两组数据源所有元组的笛卡尔积的子集,所以连接矩阵能很好地表现各种连接条件的连接关系。目前矩阵型结构已经得到国内外学术界的广泛认可,近年来有关数据表连接性能优化方面的研究大都以矩阵型结构作为基础数据矩阵。数据混合计算软件平台中数据连接技术使用的数据连接优化方案在准备阶段也是使用的矩阵型数据结构。

(三)数据连接分配算法

1.基于Hash的分配算法

基于Hash的数据连接分配算法以分而治之的思想为核心,目前国内外有许多基于Hash分配算法的数据表连接优化方案,而且它已经使用在Spark计算框架内部的等值连接优化过程中。

Spark计算框架中用于数据表等值连接的Broadcast Hash Join和Shuffle Hash Join方法都使用了基于Hash的数据分配算法。Broadcast hash join适用于一个大表和一个非常小的表连接,比如星形模型和雪花模型中维度表和实时表的连接。它将小表以广播的形式分别发送到大表所在的分区节点上,分别并发地与其上面的大表分区记录进行连接。

Shuffle Hash Join方法适用于连接表数据量较大不能通过广播进行分发的情况。先将两张表按照连接属性重新进行Hash分区,这样就可以将大的连接操作分为多个小的Hash连接操作,充分利用分布式集群资源并行化,提高数据表连接的效率。

由上述的基于Hash分配算法的数据连接方案可知,它的性能依赖于Hash函数是否能均匀地分配输入元组,如果分配不均匀会造成部分Reduce计算单元接收过多的元组,而连接作业的完成时间取决于最后完成作业的计算单元,所以数据倾斜会严重地影响Hash方法的性能。但是上述方法都只是适用于等值连接。θ连接不仅仅是连接属性相同的元组进行匹配，所以不能通过Hash函数进行分配。

2. 基于范围的分配算法

基于范围的分配算法是一个简单且有效的解决数据倾斜问题的方法，SAND Join算法就是一种基于范围的分配算法。先通过采样数据表中的元组，计算每个表的重复样本的数量来确定最可能导致数据倾斜的数据表，然后通过抽样倾斜较为严重的数据表构建一组分组区间，最后输入Map中的元组，根据子区间的范围取值分配到不同的Reduce计算单元。

基于范围的分配算法存在的问题是，根据较少倾斜的数据表划分子区间，可能会导致另一个数据表出现严重失衡的状况。

3. 随机分配算法

随机分配算法可以有效地处理数据倾斜问题，此外该算法可以同时作用于等值和θ连接。随机分配算法的Map函数负责把输入元组随机映射到矩阵中行列，然后查找与矩阵中行列相交的所有Reduce。

由于随机分配算法行列元组是随机选择的，可能出现输入元组重复过多的情况，导致Reduce计算单元的负载不均衡。对于较大的数据表连接操作，随机算法可以保证每个Reduce不会超过其最佳分配输入的1.21倍。但是随机算法无法避免较高的元组复制和传输次数，数据表S和T的所有元组复制和传输的次数取决于Reduce计算单元的数量k，即每个元组的复制和传输次数为k，并且随着数据量的增大，复制和传输量也会显著增加。

4. 多维区间分配算法

多维区间分配算法是一种混合数据表连接分配算法。该方法借用了基于范围分配算法和随机分配算法的思路，并添加了一些负载均衡影响因素的约束限制。首先我们根据数据表S和T建立连接矩阵，并按照Reduce计算单元的个数k划分子范围，可以得到含有k^2个范围单元格的连接矩阵，这些范围单元格需要分配到Reduce计算单元中进行计算。

多维区间分配算法考虑了两种影响因素，比以往的考虑单因素的负载平衡算法优秀很多。通过多维区间分配算法，我们可以得到单元格和Reduce计算单元的对应关系，把单元格中的元组放入对应的Reduce计算单元进行计算，就可以得到最后的结果。

虽然多维区间分配算法可以保持Reduce的计算负载均衡，但是元组的复制消耗仍然存在，同时元组在拖拽和传输的过程中也会产生消耗。数据倾斜和数据聚集严重的数据往往会给数据分配过程带来巨大的挑战，整个数据表连接过程的性能的提升不仅仅是靠保持单元格个数和Reduce计算单元的负载均衡，数据传输和复制的消耗同样也会很大程度地影响数据表连接的效率。

（四）数据查询引擎架构研究

1.Apache Kylin

Apache Kylin是一个分布式开源MOLAP引擎，简单来说，它是一个基于Hadoop环境并且支持类SQL语言的大数据分析工具。它支持从Hive等数据存储工具中获取元数据，通过复杂且耗时的离线预计算过程构建多维立方体（Cube），并使用HBase来存储Cube，最后提供快速的在线数据查询服务。Apache Kylin拥有达到亚秒级别的海量数据查询能力，因此获得了许多国内外大型企业的青睐。美团点评已经在公司内部多个业务线使用Apache Kylin作为首选查询引擎，包含214个Cube，可查询数据总行数达到2853亿行，每日查询次数超过50万次，平均响应时间在100ms以内。

Apache Kylin的架构如下：REST服务器（REST Server）提供了用于应用程序开发的RESTful接口，例如查询、操作Cube、用户访问权限、元数据原理以及系统配置等；查询引擎（Query Engine）负责类SQL语句的解析和逻辑语法树生成部分，它使用开源框架Apache Calcite进行实现；路由模块（Routing）将查询引擎生成的逻辑语法树转化为HBase可以识别的查询计划，查询存储在HBase中的预计算结果；元数据管理工具（Metadata Manager）对平台信息数据和Cube元数据进行管理，Cube元数据以JSON的格式存储在HBase中，其他的平台信息存储在集群本地文件系统；Cube构建模块（Cube Build Engine）使用MapReduce计算模式对数据仓库Hive中数据基于选择维度和度量的组合进行查询结果的离线预计算，并把预计算结构保存到HBase中。

2.Spark SQL

Spark SQL是Spark1.6.0版本提出来的用于数据处理的新组件，用户可以使用多种方式与它进行交互，包括SQL和Spark2.2版本后提出的DataSet API、DataFrame API。Spark SQL的架构设计理念不同于上述基于预计算的Apache Kylin，它本质上是基于内存式计算的MPP（Massively Parallel Processing），通过多台机器进行并行计算,并加入查询语句优化框架 Apache Catalyst,从而提高查询计算的速度。Spark SQL 输入的 SQL 语句和数据结构 API 首先需要通过 Apache Catalyst 框架转为逻辑执行计划(Optimized Logical Plan),但是逻辑执行计划并不能被 Spark 底层的物理执行模块识别,还需要将其转化为物理执行计划(Physical Plan)。转化器将会跟数据表物理存储信息为逻辑执行计划列出多个物理模块可以执行的物理执行计划。最后根据代价优化模型选择出代价最小的物理执行计算,在 SparkConf 环境里根据物理计划阐释 DAG 任务计划并且分为多个任务执行。

其中解析优化框架 Apache Catalyst 包含以下重要组件。

解析器(SQL Parse):根据语法规则判断输入查询字符串的合法性,并完成查询语句和其他数据类型 API 的语法解析过程,最后得到无逻辑语法树。

分析器(Analyzer):根据 Hive 数据表的元数据信息和数据字典对无逻辑语法树进行语义解析,它可以把无逻辑语法树转化为含有语义的逻辑语法树。

优化器(Optimizer):优化器基于规则的优化方案对逻辑语法树进行优化将其转化为优化后的逻辑执行方案。

根据前文内容可知,Spark SQL 和 Apache Kylin 有着不同架构结构和设计理念,因此它们的适用场景也有着很大的差别。Apache Kylin 适合相对固定的业务报表和指标统计分析的需求,它一般在数据接入的时候根据指定的指标进行预聚合计算,提供部分指标的快速查询服务。Spark SQL 的使用场景以离线计算和处理为主,它没有 MOLAP 那么快的响应速度,但是只要有新的数据导入,就可以进行即时数据分析,不需要 MOLAP 的大量预计算过程。

第二节 进行数据混合计算软件平台设计开发的需求分析

需求分析是系统设计开发过程中的重要环节,它指引着整个开发过程的走向。本节将从业务需求和功能需求两个方面详细地介绍平台需要解决的问题和应该具备的功能,从而明确平台开发的目的与要求,同时决定了技术路线的选择。

一、平台业务需求分析

医疗机构需要一个数据混合计算软件平台对内部多个信息系统进行统一的管理,并且对它们进行处理、查询、分析、可视化等数操作来挖掘数据中的价值。在平台内部数据计算技术方面,医疗机构科研人员经常在数据合并、多表联合分析等作业中使用数据连接操作,它需要支持等值连接和θ连接,同时由于医学指标类数据经常会出现数据倾斜和数据聚集情况,本平台的数据连接方案应该具有较好的性能稳定性。医疗机构科研人员既需要数据快速查询和报表分析服务,又需要全量数据的精确查找和无须预计算的即时查询服务,当前企业使用多查询引擎并存的数据查询技术方案来满足不同查询需求,但是每次作业工作人员都需要判断使用哪种工具能最快地得到查询结果。[①]

根据上述的需求,研究出一个基于Spark的数据混合计算软件平台,支持全生命周期的数据计算功能,提供完整的一站式数据服务,从数据加载到数据加工,从数据清洗到统计分析,从接口集成到可视化呈现。同时在混合计算软件平台内部,针对数据聚集和数据倾斜影响数据表连接效率的问题,提出了一种数据分配算法,并根据它实现了一种基于Spark的数据连接策略;针对目前数据查询技术的不足,研究出一种混合查询引擎,它能同时为不同的业务场景提供高效的查询服务,并且降低业务人员的使用门槛和学习成本。

二、平台功能需求分析

数据混合计算软件平台需要在Spark的环境下整合多种数据计算功能,使数据在多种计算功能之间自由流通,提供一站式的数据计算服务。同时本平台的功能也需要拆分使用,并能为不同的业务需求提供最适合的服务。

数据混合计算软件平台的具体功能需求可以分为数据管理、数据加工、数据工厂、数据查询。其中数据管理主要负责存储和流通在平台内部的数据管理,根据数据处理的不同阶段分为数据源管理和中间结果数据管理;数据处理主要是把原始数据转化为后续数据分析可用的数据,具体功能需求有数据加工、数据合并、数据清洗和数据统计;数据工厂使各种数据能在平台内自由流通,主要功能需求有数据转存、数据注册和数据建模;数据查询模块使用混合

---

①王永坤,罗萱,金耀辉. 基于私有云和物理机的混合型大数据平台设计及实现[J]. 计算机工程与科学,2018(2):191-199.

查询引擎为不同应用场景提供最适合的查询服务，并对结果数据加以整合，以图表和报表等形式展现给用户。

第三节 基于大数据的数据混合计算软件平台设计实践

一、平台架构设计

平台架构设计的目的就是将复杂的平台分解成多个独立的模块，它是连接平台需求分析和实际开发过程的重要桥梁。本节首先将分别从平台的功能逻辑结构和技术结构的角度对平台架构进行描述，然后通过归纳和总结得到平台的整体架构设计。

（一）功能结构设计

功能结构设计师从平台的逻辑功能的角度来考虑，把一个平台系统分成多个模块，各个模块保持一定的功能独立性，即平台中的每个模块就是一个子系统，可单独开发、编译和测试。在实际工作时，通过相互沟通的接口进行合作作业。本章节研究的基于Spark的数据混合计算软件平台主要由数据管理、数据处理、数据工厂、数据查询四个模块组成。其中数据管理模块分为数据源接入管理和中间结果数据管理，同时提供数据类别和数据添加功能；数据处理模块是平台内部负责数据加工和处理主要模块，包括数据预处理模块和数据统计模块；数据工厂分为数据转化模块、数据建模模块和数据注册模块；数据查询模块基于混合查询引擎为平台内查询相关的功能提供服务，主要包括查询语句解析组件和查询路由模块，并提供查询结果数据的可视化图表展示。[①]

数据混合计算软件平台把上述具体功能组装成一套完整的数据计算流程，平台的各功能和组件的工作流程如下：首先，业务人员通过Web端的使用平台内的计算功能。加工组件封装了多种具体业务相关的加工计算功能，开发工程师可以根据业务需求不断迭代这些功能并上线。数据工程师根据业务需求选择维度和度量等信息构建Cube，并向建模组件提供Cube元数据信息。

①郝春亮，沈捷，张珩，武延军，王青，李明树. 大数据背景下集群调度结构与研究进展[J]. 计算机研究与发展，2018(1)：53-70.

业务人员可以对加工组件、统计组件和建模组件进行自由组合满足实际场景的需要。计算中间结果存储在数据集市中,中间结果可以在计算模块中再计算。后台把拖拽信息拼接成数据集市物理底层可以识别的查询语句,最后向Web端返回查询结果的可视化视图。

(二)技术架构设计

技术架构设计是在系统开发及构建之前必须确定的,它从技术实现的角度划分出多个不同技术开发层级,确保开发时各个功能模块的协同性以及系统的完整性。

本节按照平台技术实现结构分为四层结构:数据层、数据计算层、业务逻辑层和页面展示层。

第一,数据层:传统数据库MySQL主要负责平台内部信息的存储,如用户信息、数据基本信息、数据状态信息等。平台中需要处理的元数据和中间结果数据支持的多种存储类型,如HDFS、Hive、CSV、Excel等。

第二,数据计算层:主要负责平台内数据实际计算过程,根据计算类型又可以分为数据处理、数据工厂和数据查询。数据处理使用Spark的DataSet接口处理大规模数据,而对于较小的文件型数据则使用Pandas库的DataFrame接口,其中的数据合并功能使用数据连接优化方法;数据工厂中Sqoop用于数据转换,Hive Shell用于数据注册:数据查询主要使用了基于Apache Kylin和Spark SQL两种查询引擎构建的混合数据查询引擎。

第三,业务逻辑层:主要处理前端页面的响应并安排数据计算层进行具体的数据计算任务和数据库对象映射,本平台基于Flask框架进行搭建,使用SQLAlchemy进行数据库对象映射,使用JSON型的数据在前后端传输数据。

第四,页面展示层:本平台的前端页面使用Vue的框架与后端进行连接,平台内部的各种图表和视图则使用Echarts组件提供可视化支持。

(三)整体架构设计

整体架构设计在整个平台的开发过程中起到了统一规划、承上启下的作用,向上承接了平台的需求设计和业务模式,向下规划各个子模块的定位和功能。整体架构图用来分层次说明各个组成模块和具体功能点之间的业务逻辑关系、数据流向以及层次边界。

上述内容中我们对平台功能结构以及项目搭建的技术架构分别进行了说明，接下来笔者将通过上述设计对整个平台的架构进行归纳。

本平台整体架构可分为六层，分别是数据接入层、优化模型层、计算处理层、数据集市层、可视化层和应用服务层。

数据接入层位于系统的最底层，支持多种数据存储类型包括：文件型数据、传统数据库以及分布式数据库。

优化模型层在数据接入层之上，它使用了数据表连接优化算法和混合查询策略，为了上层的功能提供的优化的服务，加快了上层数据计算的速度。

计算处理层实现了混合计算软件平台的各种计算功能，根据具体功能类型分为数据预处理、数据分析和数据工厂三个模块。

数据集市层位于计算处理层和可视化层之间，它不仅含有经过计算处理得到的计算结果数据，同时它还能把这些计算结果数据进行再计算得到新的结果数据。

可视化层位于系统架构顶端，它为整个平台的使用提供一个可视化交互的界面，同时通过整合下层数据结果进行可视化图表展示。

应用服务层是整个系统所提供计算服务的集合，这些服务可以组合成一套完成数据处理流程，包括确定数据源、数据加工计算、中间结果再计算、数据建模的多维可视化，同时这些功能也可以拆分使用，为不同业务需求提供最高效独立的数据服务。

二、数据库设计

本平台的数据库主要包含以下数据表：用户信息表（UserInfo）、数据信息表（DataInfo）、处理信息表（ProcessInfo）、数据模型表（ModeInfo）、立方体信息表（CubeInfo）、数据表信息表（TableInfo）、维度度量信息表（DimensionMetricInfo）。

用户信息表的主要属性有User_id、User_name、passsword，表示用户ID、用户姓名、密码；数据信息表的主要属性有User_id、Data_id、Data_flag、Data_address、Data_name，表示用户ID、数据ID、数据标记、数据地址、数据名；处理信息表的主要属性有User_id、Process_id、input_id、output_id、describe，表示用户ID、处理ID、输入数据ID、输出数据ID、描述；数据模型表的主要属性有Model_id、Model_name、User_id、Model_cn，表示模型ID、模型名、用户ID、模型中文；立方体信息表的主要属性有Cube_id、Cube_name、Cube_cn、Model_id，表示

立方体ID、立方体名、立方体中文、模型ID;数据表信息主要属性Table_id、Table_name、Table_cn、Cube_id,表示表ID、表名、表中文、立方体ID;维度度量信息表主要属性有DM_id、DM_name、DM_cn、flag、Table_id,表示指标ID、指标名、指标中文、标记、表ID。

第四节 基于大数据的数据混合计算软件平台实现与测试

一、平台功能模块的实现

(一)数据管理模块

数据管理模块主要功能就是对平台内的元数据和中间结果提供数据添加、数据列表和数据管理功能,本平台内部存储的数据目前支持CSV、Excel、传统数据库MySQL、分布式存储结构HDFS、Hive,数据上传功能仅支持本地文件上传。数据管理模块首先默认加载文件类型数据列表,可以通过下拉框选择来查看不同的类型数据的列表,同时在列表中提供了数据预览和删除数据的功能按钮;数据列表上方提供按名查找数据输入框和数据添加按钮,数据添加功能把数据文件转化为平台内的数据,并添加到平台的文件列表;为了方便用户查看列表下方提供分页组件。①

本平台的具体实现部分采用了Python的Flask框架,通过把平台的各个功能模块定义为蓝图(Blueprint)来实现模块的实例化。蓝图是一个存储操作路由映射方法的容器,简单来说,就是模块化处理的类。Flask框架会对注册的蓝图进行管理,并实现客户端请求和URL相互关联。首先根据各个功能模块构建目录结构,然后在程序主入口文件manage.py注册各个模块的蓝图,并填写蓝图访问前缀参数url_prefix。蓝图的实现部分写在各个功能模块目录的views.py文件中,并使用app.route实现蓝图中的接口的路由注册。

数据管理模块主要实现了数据列表获取蓝图DataListGet和数据列表操作蓝图DataListAction,如表5-1所示,列出了蓝图中实现的接口并进行了介绍

①尹小青,郎红娟.基于大数据的统一服务平台应用安全研究[J].现代电子技术,2021(23):117-120.

（模块还会存在一些与主要功能关系不太紧密的蓝图、边界接口，在此不进行描述，后文也有同样情况，特此说明）。

表5-1 数据管理模块接口说明

接口名称	访问路径（/datamanage）	功能描述
FileList	/datalistget/FileList	根据请求中的数据类型标记返回平台中对应的数据列表
SearchList	/datalistget/SearchList	根据请求中的数据类型标记和数据名字段返回平台中对应的数据列表
DisplayData	/datalistaction/DisplayData	返回具体数据的部分字段进行预览
AddData	/datalistaction/AddData	把上传文件存储为请求中的数据类型，并在DataInfo表中添加相关记录
DeleteData	/datalistaction/DeleteData	删除平台中某个具体数据，并删除DataInfo表对应的记录

为了保证整个系统的一致性，AddData和DeleteData接口对平台内数据进行增加和删除的时候也需要对DataInfo表中该数据对应的记录进行增加和删除。为了保证平台有更好的向后扩展性，DataList的接口中对不同数据类型进行标记，然后根据标记进行不同的处理。如果平台添加支持数据类型，只需添加标记和相应的处理逻辑即可。

（二）数据处理模块

数据处理模块提供数据加工记录列表、数据合并服务和数据统计服务，目前该模块支持文件型数据和Hive数据的处理，如果其他数据处理需在数据工厂内进行转换。该模块首先加载数据加工记录列表，提供结果数据预览和删除记录的功能按钮；数据合并服务提供两个数据表的横向和纵向合并；数据统计服务显示数据的各种概览统计指标。数据处理模块主要实现了数据加工蓝图DataProcess、数据合并蓝图DataMerge、数据统计蓝图DataStatistics。如表5-2所示，列出了蓝图中实现的接口并进行介绍。

表5-2 数据处理模块接口说明

接口名称	访问路径（/datahandle）	功能描述
HandList	/dataprocess/HandList	返回ProcessInfo表中当前用户的操作记录列表

续表

DoProcess	/dataprocess/DoProcess	根据请求中具体加工功能标记，按照顺序进行数据加工处理
DeleteProcess	/dataprocess/DeleteProcess	在ProcessInfo表中删除该条处理记录
ResultProcess	/dataprocess/ResultProcess	返回当前处理记录的结果数据的部分数据进行预览
DataUnion	/datamerge/DataUnion	纵向合并请求中的两个数据表
DataJoin	/datamerge/DataJoin	横向合并请求中的两个数据表
DataView	/datastatistics/DataView	返回当前数据的统计概念信息列表

其中DoProcess接口是该模块任务运行接口。该接口把具体数据加工功能封装为方法并给予标记，请求中会按照执行顺序生成数据加工的JSON数组，接口接收到请求后首先会把JSON数组解析成一组加工任务及参数，然后检查是否含有输出框和输出文件名重复，如果出现异常返回相应的异常报错，未出现异常判断数据类型进行相应的数据加工组，最后按照数据类型存储结果数据并在ProcessInfo表记录加工任务的详细信息。

数据加工方法有文件处理和Hive两种处理方式。文件处理方式使用Python提供的Pandas库；Hive处理方式中把数据转为DataSet形式。然后通过Spark提供的强大的转换算子和动作算子来进行编排组合即可实现复杂的数据加工操作。为了系统的向后扩展性，添加具体加工功能时，只需把对应标记和两种数据加工方法进行对应，无须修改接口参数配置。数据横向连接DataJoin接口使用数据表连接优化方案，请求中会带有数据源地址、连接属性、连接符号。对于小的文件型数据使用Pandas库的函数就可以很快地完成连接任务。

(三)数据工厂模块

数据工厂模块提供数据注册、数据转换、数据建模和数据配置服务，在本平台中通过它提供的服务可以完成Apache Kylin的整个数据建模和配置过程。Apache Kylin必须使用Hive作为数据源类型，因此需要使用数据注册功能构建数据表和使用数据转换功能把其他类型的数据转换为Hive类型。Kylin数据建模后的Cube、维度和度量信息需要进行配置存储到数据表CubeInfo和ModelInfo才能在前端进行展示。数据工厂主要实现的接口如表5-3所示。

表5-3　数据工厂模块接口说明

接口名称	访问路径(/datafactory)	功能描述
DataRegister	/register/DataRegister	根据请求中的建模语句,在Hive仓库创建数据表
DataTransform	/transform/DataTransform	把请求中的元数据转化为Hive类型的数据存储
GetCubeInfo	/config/GetCubeInfo	获取Cube中维度、度量、指标等信息
GetModeInfo	/config/GetModelInfo	获取Model中表信息和表之间的关联信息
CubeConfig	/config/CubeConfig	对Cube的信息进行含义配置并在存储CubeInfo表中
ModelConfig	/config/ModelConfig	对Model的信息进行含义配置并在存储ModelInfo表中

其中,在DataRegister接口中我们使用Hive Shell运行接口中传送的Hive建表语句,DataTransform接口使用Sqoop提供的接口把其他类型的数据导入Hive表中。本模块的数据建模过程直接嵌入了Apache Kylin的Web页面。数据配置相关的接口都是为了在数据查询页面用户能够更加直观地读懂Kylin的Model和Cube元数据信息各个字段的含义。

(四)数据查询模块

数据查询模块基于混合查询引擎为平台提供多维分析和数据查询功能。多维分析功能的前端页面通过拖拽维度和度量等指标,后台通过SQL拼接模块(SQL拼接模块由于高级计算的指标如患病率、检出率等需要两条SQL语句拼接计算才能得到结果,所以SQL拼接模块设置两种方案)得到完整的查询语句,查询功能模块直接输入完成查询语句,然后使用混合查询引擎进行执行具体查询过程,最后返回结果前端进行结果显示或者整合为可视化图表。数据查询模块主要实现的接口如表5-4所示。

表5-4　数据查询模块接口说明

接口名称	访问路径(/dataquery)	功能描述
SQLSplice	/analysis/SQLSplice	把请求中的维度和度量等指标的JSON拼接为单个SQL语句返回
SQLSpliceHigh	/analysis/SQLSpliceHigh	把请求中的维度和度量等指标的JSON拼接为多个SQL语句返回

续表

GetQueryResult	/query/GetQueryResult	根据请求的SQL进行查询得到结果返回
GetQueryTree	/query/GetQueryTree	对查询语句进行统一的解析得到逻辑语法树
QueryShunting	/query/QueryShunting	根据 Metadata Manager 的元数据信息对逻辑语法树进行路由
QueryBacktracking	/query/QueryBacktracking	根据 Hlog 信息对优化后的逻辑语法树路由到合适的物理执行引擎

其中,SQLSplice 和 SQLSpliceHigh 接口为多维可视化功能前端提供数据拼接功能;GetQueryResult 接口是混合查询引擎的具体实现,GetQueryTree、QueryShunting、QueryBacktracking 为实现混合查询引擎的查询路由策略的内部接口函数。

二、平台测试与评估

在硬件环境的搭建上,该查询分析平台运行的集群由六台机器组成,其中分别为一个主节点和五个从节点。在软件环境的搭建上,每台机器都安装了Linux,同时搭建了各种大数据组件提供底层支持。

功能测试采用测试用例的方式对系统的各个主要功能模块和各个模块之间数据连通性进行测试,对系统的功能是否达到预期效果进行校验。

(一)数据管理模块

数据管理模块测试用例,如表5-5所示。

表5-5 数据管理模块测试用例

测试编号	01
测试目的	检验数据管理模块的运行情况
测试操作	①查看文件型数据列表,并执行预览、删除、查找功能; ②查看 HDFS 数据列表,并执行预览、删除、查找功能; ③查看 Hive 数据列表,并执行预览、删除、查找功能; ④查看 MySQL 数据列表,并执行预览、删除、查找功能; ⑤上传文件并分别存储为文件、HDFS、Hive、MySQL 数据; ⑥上传命名为已有的文件名的文件
预期结果	①②③④⑤操作成功;⑥添加数据失败,异常弹框提示
测试结果	与预期结果相同,通过

（二）数据处理模块

数据处理模块测试用例，如表5-6所示。

表5-6　数据处理模块测试用例

测试编号	02
测试目的	检验数据处理模块的运行情况
测试操作	①查看数据处理列表，并执行添加、查找、删除功能； ②添加数据处理任务，选择文件型元数据，并使用不同数据处理功能组合进行反复测试； ③添加数据处理任务，选择Hive元数据，并使用不同数据处理功能组合进行反复测试； ④添加数据处理任务，选择数据源和处理功能后，不选择输出框，直接运行； ⑤添加数据处理任务，选择数据源、处理功能后，输出框内填写已有数据名，点击运行； ⑥选择需要合并的数据源，分别对Hive和文件型数据进行测试； ⑦选择需要合并的数据源，选择连接符号为“=”，分别对Hive和文件型数据进行测试； ⑧选择需要合并的数据源，选择连接符号为非等符号，并分别对Hive和文件型数据进行测试； ⑨选择需要进行统计概览的数据，并分别对Hive和文件型数据进行测试
预期结果	①⑥⑦⑧⑨操作成功；②③操作成功，数据处理列表显示添加处理任务；④⑤操作失败，异常弹框提示
测试结果	与预期结果相同，通过

（三）数据工厂模块

数据工厂模块测试用例，如表5-7所示。

表5-7　数据工厂模块测试用例

测试编号	03
测试目的	检验数据工厂模块的运行情况
测试操作	①测试该模块数据注册功能，填写创建Hive表语句，提交任务； ②测试该模块数据转化功能，选择不同类型的数据源进行转化测试； ③测试该模块Cube信息配置，填写Cube元数据的信息的实际含义； ④测试该模块Model信息配置，填写Model元数据的信息的实际含义
预期结果	①操作成功，创建表成功；②③④操作成功
测试结果	与预期结果相同，通过

(四)数据查询模块

数据查询模块测试用例,如表5-8所示。

表5-8 数据查询模块测试用例

测试编号	04
测试目的	检验数据查询模块的运行情况
测试操作	①测试平台数据查询模块多维分析功能,在前端页面拖拽维度和度量等指标; ②测试平台数据查询模块的数据查询功能,前端页面输入SQL语句
预期结果	①可视化结果图表生成,操作成功;②可视化结果图表生成,操作成功
测试结果	与预期结果相同,通过

(五)模块间数据的连通性

模块间数据的连通性测试用例,如表5-9所示。

表5-9 平台各个模块间连通性的测试用例

测试编号	05
测试目的	检验平台各个模块间的连通性
测试操作	①测试平台数据管理模块和数据处理模块的连通性,分别添加不同类型的数据处理任务执行成功并保存结果; ②测试平台数据工厂模块数据注册功能和数据管理模块的连通性,数据工厂运行数据注册任务; ③测试平台数据工厂模块数据转存功能和数据管理模块的连通性,数据工厂中对多个不同类型的数据进行数据转存操作; ④测试平台数据处理模块与数据工厂模块的连通性,分别添加不同类型的数据处理任务执行成功并保存结果; ⑤测试平台数据查询模块与数据处理模块的连通性,分别添加不同类型的数据处理任务执行成功并保存结果; ⑥测试平台数据查询模块与数据工厂的连通性,数据工厂中配置Cube和Model的实际含义
预期结果	①数据管理模块的相应类型的数据列表中可以显示数据处理结果数据;②数据管理模块的Hive数据列表显示该测试的注册的数据;③数据管理模块的Hive数据表中该测试的数据信息变更;④数据工厂模块数据转存功能选择数据源新增该测试数据;⑤数据查询模块选择数据源的新增测试数据;⑥数据查询模块多维分析选择数据源、维度、度量和指标时显示配置的实际含义
测试结果	与预期结果相同,通过

第六章 基于大数据的数字媒体应用技术软件设计与应用

第一节 媒体网络传输技术

一、多媒体通信基础

(一)通信系统模型

1.通信系统基本模型

实现消息传递的方式和手段有很多,如手势、语言、表情、烽火台和击鼓传令,以及现代社会的电报、电话、广播、电视、遥控、遥测、互联网和计算机通信等。通信系统正是指完成传递信息任务所需要的一切技术设备和传输媒介所构成的总体,其目的是将信息从发送端发送到目的地。在计算机、通信、网络技术等领域,信息的传递是通过电信号或光信号来实现的,而光也是一种电磁波,因此广义地讲,通信一般指"电通信"。在"电通信"系统中,首先把要传递的消息转换成电信号,经过发送设备,将信号送入信道,在接收端利用接收设备对接收信号做相应的处理后,送给信宿再转换为原来的消息。①

具体地讲,信源是产生消息(或消息序列)的源(人或者机器),这里的消息可以是语言、文字、图像、符号、函数等。发送设备对源信号进行某种变换,使其适合信道的传输。信道是指传输信号的物理媒质。在无线信道中,信道可以是大气(自由空间);在有线信道中,信道可以是明线、电缆或光纤。有线和无线信道均有多种物理媒质。媒质的固有特性及引入的干扰与噪声直接关系到通信的质量。根据研究对象的不同,需要对实际的物理媒质建立不同的数学模型,以反映传输媒质对信号的影响。噪声源不是人为加入的设备,而是通信系统中各种设备以及信道中所固有的,并且是人们所不希望的。噪声的来

①薛辉. 基于大数据分析的慕课与数字媒体技术教学模式创新的研究[J]. 信息记录材料,2020(11):88-90.

源是多样的,它可分为内部噪声和外部噪声,而且外部噪声往往是从信道引入的,因此,为了分析方便,把噪声源视为各处噪声的集中表现而抽象加入信道。

接收设备的基本功能是完成发送设备的反变换,即进行解调、译码解码等。它的任务是从带有干扰的接收信号中正确恢复出相应的原始基带信号,对于多路复用信号,还包括解除多路复用,实现正确分路。

信宿是收信者,即信宿是传输信息的归宿点,其作用是将复原的原始信号转换成相应的消息。

2.模拟通信系统与数字通信系统

信源产生的消息可能是数字消息或模拟消息。数字消息的状态是离散的,如人们的电话号码;而模拟消息的状态是连续变化的,如人们听到的声音。为了传递各种消息,首先需要将其转换为电信号,通信系统中传送的电信号中携带了信源的消息。通常消息被载荷在电信号的某一参量上,如果电信号的该参量携带着离散消息,则该参量必将是离散取值的。这样的信号就成为数字信号。如果电信号的参量是连续取值,则称这样的信号为模拟信号。

传输模拟信号的通信方式称为模拟通信,而传输数字信号的通信方式则称为数字通信。模拟信号也可以经过模数转换后利用数字通信系统进行传输。当然,数字信号也可以在模拟通信系统中传输,如计算机数据可以通过模拟电话线路传输,但这时必须使用调制解调器(Modem)将数字基带信号进行正弦调制,以适应模拟信道的传输特性。可见,模拟通信与数字通信的区别仅在于信道中传输的信号种类。

与模拟通信相比,数字通信具有以下一些优点:①抗干扰能力强。以二进制为例,信号的取值只有两个,这样接收端只需判别两种状态。信号在传输过程中受到噪声的干扰,必然会发生波形畸变,接收端对其进行抽样判别,以辨别是两个状态中的哪一个。只要噪声的大小不足以影响判别,就能正确接收。而模拟通信系统中传输的是连续变化的模拟信号,它要求接收端能够高度保真地重现信号波形,如果模拟信号叠加上噪声后,即使噪声很小,也很难消除它。此外,在远距离传输,如微波中继通信时,各中继站可利用数字通信特有的判别再生接收方式,对数字信号波形进行整形再生而消除噪声积累。②差错可控,传输性能好。可采用信道编码技术使误码率降低,提高传输的可靠性。③便于与各种数字终端接口,用现代计算技术对信号进行处理、加工、变换、存储,从而形成智能网。④便于集成化,从而使通信设备微型化。⑤便于加密处理,且保密强度高。⑥可传输各类综合消息。

(二)通信系统的分类

通信系统可以从通信业务种类、调制方式等多个角度进行分类。

按通信业务种类,通信系统可以分为电报通信系统、电话通信系统、数据通信系统、图像通信系统等。

根据是否采用调制,可将通信系统分为基带传输和频带(调制)传输。基带传输是将未经调制的信号直接传送,如市内电话。频带传输是对各种信号调制后传输的总称。调制方式很多,如用于电视广播的残留边带调制VSB、声音广播中的频率调制FM、使用在同轴电缆的网络的正交振幅调制QAM等。

按信号特征,可分为模拟通信系统和数字通信系统。按照信道中所传输的是模拟信号还是数字信号,相应地把通信系统分成模拟通信系统和数字通信系统。

按传输媒质,可分为有线通信系统和无线通信系统。有线通信是用导线(如架空明线、同轴电缆、光波导纤维等)作为传输媒质完成通信的,如市内电话、有线电视、海底电缆通信等。无线通信是依靠电磁波在空间传播达到传递消息的目的的,如短波电离层传播、微波视距传播、卫星中继等。

按工作波段和通信设备的工作频率不同,可分为长波通信(频率为100~300kHz,相应波长为10~1km范围内的电磁波)、中波通信(频率为300kHz~3MHz,相应波长为1km~100m范围内的电磁波)、短波通信(频率为3~30MHz,相应波长为100~10m范围内的电磁波)、微波通信(频率为300MHz~300GHz,相应波长为1m~1mm范围内的电磁波)等。

按信号复用方式,可分为频分复用、时分复用和码分复用等。频分复用是用频谱搬移的方法使不同信号占据不同的频率范围;时分复用是用脉冲调制的方法使不同信号占据不同的时间区间;码分复用是用正交的脉冲序列分别携带不同信号。传统的模拟通信中都采用频分复用,随着数字通信的发展,时分复用通信系统的应用越来越广泛,码分复用主要用于空间通信的扩频通信中。

(三)通信系统的通信方式

通信方式是指通信双方之间的工作方式或信号传输方式。前文所述的通信系统是单向通信系统，但在多数场合下，信源兼为信宿，需要双向通信，电话就是一个最好的例子，这时通信双方都要有发送和接收设备，并需要各自的传输媒质，如果通信双方共用一个信道，就必须用频率或时间分割的方法来共享信道。因此，通信过程中涉及通信方式与信道共享问题。

1.按消息传递的方向与时间关系分

对于点与点之间的通信，按消息传递的方向与时间关系，通信方式可分为单工、半双工及全双工通信三种。

单工通信是指消息只能单方向传输的工作方式，因此只占用一个信道。广播、遥测、遥控、无线寻呼等就是单工通信方式的例子。

半双工通信是指通信双方都能收发消息，但不能同时进行收和发的工作方式。例如，使用同一载频的对讲机，收发报机以及问询、检索、科学计算等数据通信都是半双工通信方式。

全双工通信是指通信双方可同时进行收发消息的工作方式。一般情况全双工通信的信道必须是双向信道。普通电话、手机都是最常见的全双工通信方式，计算机之间的高速数据通信也是这种方式。

2.按数字信号排列顺序分

在数字通信中，按数字信号代码排列的顺序可分为并行传输和串行传输。并行传输是将代表信息的数字序列以成组的方式在两条或两条以上的并行信道上同时传输。并行传输的优点是节省传输时间，但需要传输信道多，设备复杂，成本高，故较少采用，一般适用于计算机和其他高速数字系统，特别适用于设备之间的近距离通信。串行传输是数字序列以串行方式一个接一个地在一条信道上传输。通常，一般的远距离数字通信都采用这种传输方式。

3.按同步方式分

按同步方式分为同步通信和异步通信。同步通信方式是把许多字符组成一个信息组，字符可以一个接一个地传输，但是，在每组信息（通常称为信息帧）的开始要加上同步字符，在没有信息要传输时，要填上空字符，因为同步传输不允许有间隙。同步通信方式下，发送方除了发送数据，还要传输同步时钟信号，信息传输的双方用同一个时钟信号确定传输过程中的位置。

在异步通信方式中，两个数据字符之间的传输间隔是任意的，所以，每个数据字符的前后都要用一些数位作为分隔位。按标准的异步通信数据格式(也称异步通信帧格式),1个字符在传输时,除了传输实际数据字符信息外,还要传输几个外加数位。具体来说,在1个字符开始传输前,输出线必须在逻辑上处于"1"状态,这称为标识态。传输一开始,输出线由标识态变为"0"状态,从而作为起始位。起始位后面为5~8个信息位,信息位由低往高排列,即先传字符的低位,后传字符的高位。信息位后面为校验位,校验位可以按奇校验设置,也可以按偶校验设置,或不设校验位。最后是逻辑的"1"作为停止位。如果传输完一个字符以后,立即传输下一个字符,那么,后一个字符的起始位便紧挨着前一个字符的停止位,否则,输出线又会进入标识态。在异步通信方式中,发送和接收的双方必须约定相同的帧格式,否则会造成传输错误。在异步通信方式中,发送方只发送数据帧,不传输时钟,发送和接收双方必须约定相同的传输速率。当然双方实际传输速率不可能绝对相等,但是只要误差不超过一定的限度,就不会造成传输出错。

同步通信与异步通信的区别在于:①同步通信要求接收端时钟频率和发送端时钟频率一致,发送端发送连续的比特流;异步通信时不要求接收端时钟和发送端时钟同步,发送端发送完一个字节后,可经过任意长的时间间隔再发送下一个字节。②同步通信效率高;异步通信效率较低。③同步通信较复杂,双方时钟的允许误差较小;异步通信简单,双方时钟可允许一定误差。④同步通信可用于点对多点;异步通信只适用于点对点。

4.按通信设备与传输线路之间的连接类型分

按通信设备与传输线路之间的连接类型,通信系统可以分为点对点(专线通信)、点对多点和多点之间通信(网通信)。点对点方式是两点间直通的方式;点对多点指的是一对多的分支方式;而多点之间通信指的是多点之间的交换方式。

(四)通信系统的性能指标

通信系统的性能指标包括信息传输的有效性、可靠性、适应性、经济性、标准性等。由于通信的主要目标是传递信息,从信息传递角度讲,通信系统有两个主要指标:有效性和可靠性。

1.有效性

有效性体现了通信系统传输信息的数量,指的是给定信道和时间内传输信息的多少。数字通信系统的传输效率通常用码元速率R_B、信息速率R_b和频带利用率η来描述。

码元传输速率R_B简称传码率,又称符号速率等。它表示单位时间内传输码元的数目,单位是波特(Baud),记为B。例如,若1秒内传2400个码元,则传码率为2400B。数字信号有多进制和二进制之分,但码元速率与进制数无关,只与传输的码元长度T有关。

信息传输速率R_b,指单位时间(每秒)内传送的信息量(比特数),单位为比特/秒(bit/s)。对于N进制数字信号,码元速率R_B和信息速率R_b之间的关系为:$R_{BN}=R_b\log_2N$,其中R_{BN}为N进制数字信号的码元速率(N进制的一个码元可以用$\log_2N$个二进制码元表示)。

频带利用率η指单位频带内的传输速率。在比较不同的数字通信系统的效率时,仅仅看它们的信息传输速率是不够的。因为即使是两个系统的信息传输速率相同,它们所占的频带宽度也可能不同,从而效率也不同。所以用单位频带内的传输速率衡量数字通信系统的传输效率。

2.可靠性

可靠性体现了通信系统传输信息的质量,指的是接收信息的准确程度。衡量数字通信系统可靠性的指标是差错率,常用误码率和误信率表示。

误码率(码元差错率)P_e是指发生差错的码元数在传输总码元数中所占的比例,更确切地说,误码率是码元在传输系统中被传错的概率,即$P_e=n_e/n(n\to\infty)$,其中n表示系统传输的总码元数,n_e表示传输出错的码元数。

误信率(信息差错率)P_b是指发生差错的比特数在传输总比特数中所占的比例,更确切地说,误信率是比特在传输系统中被传错的概率,即$P_b=n_{be}/n_b(n_b\to\infty)$,其中$n_b$表示系统传输的总比特数,$n_{be}$表示传输出错的比特数。

二、通信网络及其相关概念

通信系统模型是描述点到点单向传输系统的理论模型,通信网络则是指多用户系统互联的通信体系,即m多点中的任意两点间的双向或单向传输。因此广义的通信网络指的是信息交换和共享的各种通信和网络系统的统称,其交换和传递的信息可以是数值数据、文本、语音、视频、图像、邮件、文件等,用户可以通过固定电话、移动电话、电视机机顶盒、计算机等设备访问通信网络。

通信网络按照不同的分类准则有不同的分类办法。例如，按照拓扑结构可以分为网状、星状、环状、总线状、复合型等；按照功能可分为业务网、支撑网、传送网；按地域覆盖可以分为核心宽带网、接入网和用户驻地网；按照独立的构建方式可以分为电话网、有线电视网、计算机网、蜂窝移动通信网等。

（一）通信网络的拓扑结构

在通信网络中，节点之间需要互连，所谓拓扑结构，是指构成通信网络的节点之间的互联方式。网络的基本的拓扑结构有网状、星状、环状、总线状、复合型等。

网状网线路冗余度大，网络可靠性高，任意两点间可直接通信，但是线路利用率低（N值较大时传输链路数将很大），网络成本高，另外网络的扩容也不方便，每增加一个节点，就需增加N条线路。网状网络通常用于节点数目少，又有很高可靠性要求的场合。

星状网又称辐射网，与网状网相比，降低了传输链路的成本，提高了线路的利用率，但是网络的可靠性差，一旦中心转接节点发生故障或转接能力不足时，全网的通信都会受到影响。星状网通常用于传输链路费用高于转接设备、可靠性要求又不高的场合，以降低建网成本。

复合型网的结构是由网状网和星状网复合而成的。它以星状网为基础在业务量较大的转接交换中心之间采用网状网结构。复合型网络兼并了网状网和星状网的优点，整个网络结构比较经济，且稳定性较好。规模较大的局域网和电信骨干网中广泛采用分级的复合型网络结构。

环状网络中所有节点首尾相连，组成一个环。N个节点的环状网需要N条传输链路。环状网可以是单向环，也可以是双向环。环状网络结构简单，容易实现，且双向环结构可以对网络进行自动保护，但是节点数较多时转接时延无法控制，并且环状结构不利于扩容。目前主要用于计算机局域网、光纤接入网、城域网、光传输网等网络中。

总线状网属于共享传输介质型网络，网络中的所有节点都连至一个公共的总线上，任何时候只允许一个用户占用总线发送或接收数据。总线状网络需要的传输链路少，节点间通信无须转接节点，控制方式简单，增减节点也很方便，但是网络服务性能的稳定性差，节点数目不宜过多，网络覆盖范围也较小。主要用于计算机局域网、电信接入网等网络中。

（二）业务网、传送网和支撑网

一个完整的现代通信网络都具有信息传送、信息处理、信令机制、网络管理功能。因此，从功能的角度看，一个完整的现代通信网可分为相互依存的三个部分：业务网、传送网、支撑网。

1.业务网

业务网负责向用户提供各种通信业务，如基本话音、数据、多媒体等，采用不同交换技术的交换节点设备通过传送网互连在一起就形成了不同类型的业务网。

构成一个业务网的主要技术要素有以下几方面内容：网络拓扑结构、交换节点技术、编号计划、信令技术、路由选择、业务类型、计费方式、服务性能保证机制等，其中交换节点设备是构成业务网的核心要素。

2.传送网

传送网是随着光传输技术的发展，在传统传输系统的基础上引入管理和交换智能后形成的。传送网是由传输线路、传输设备组成的网络，所以又称为基础网。传送网独立于具体业务网，为各类业务网、支撑管理网提供业务信息传送手段，负责将节点连接起来，并提供任意两点之间信息的透明传输。传送网还包含相应的管理功能，如电路调度、网络性能监视、故障切换等。构成传送网的主要技术要素有传输介质、复用体制、传送网节点技术等。

3.支撑网

支撑网负责提供业务网正常运行所必需的信令、同步、网络管理、业务管理、运营管理等功能，以提供用户满意的服务质量。支撑网包含三部分：同步网、信令网、管理网。

同步网处于数字通信网的最底层，负责实现网络节点设备之间和节点设备与传输设备之间信号的时钟同步、帧同步以及全网的网同步，保证地理位置分散的物理设备之间数字信号的正确接收和发送。

对于采用公共信道信令体制的通信网，存在一个逻辑上独立于业务网的信令网，它负责在网络节点之间传送业务相关或无关的控制信息流。

管理网的主要目标是通过实时和近实时来监视业务网的运行情况，并相应地采取各种控制和管理手段，以达到在各种情况下充分利用网络资源，以保证通信的服务质量。

（三）核心网、接入网和用户驻地网

从网络的物理位置分布来划分，通信网还可分成核心网、接入网和用户驻地网。核心网（Core Network，CN）由现有的和未来的宽带、高速骨干传输网和大型中心交换节点构成，而且核心网包含业务、传送、支撑等网络功能要素。用户驻地网（Customer Premises Network，CPN）被认为是业务网在用户端的自然延伸，一般是指用户终端至用户网络接口之间所包含的内部局域网，由完成通信和控制功能的用户驻地布线系统组成，以使用户终端可以灵活方便地进入接入网。而接入网（Access Network，AN）被看成传送网在核心网之外的延伸，泛指用户网络接口（User Network Interface，UNI）与业务节点接口（Service Node Interface，SNI）间实现传送承载功能的实体网络。

1. 核心网

核心网通常被称为骨干网，它由所有用户共享，负责传输骨干数据流。核心网通常是基于光纤的，能实现大范围（在城市之间和国家之间）的数据流传送。这些网络通常采用高速传输网络（如SONET或SDH）传输数据，高速包交换设备（如ATM和基于IP的交换）提供网络路由。

2. 接入网

接入网提供用户和骨干网络之间的连接。由于核心网一般采用光纤结构，传输速度快，因此，接入网便成为整个网络系统的瓶颈。接入网的接入方式包括铜线（普通电话线）接入、光纤接入、光纤同轴电缆（有线电视电缆）混合接入和无线接入等几种方式。传统接入网的主要接入方式有V5接入、无源光网络接入（PON）、xDSL接入（ADSL、HDSL、VDSL等）和光纤同轴混合网接入（HFC）。光纤接入时根据光接入节点位置不同，又分为FTTH（Fiber To The Home）光纤到户、FTTB（Fiber To The Building）光纤到建筑大楼、FTTC（Fiber To The Curb）光纤到路边和FTTO（Fiber To The Office）光纤到办公室。

3. 用户驻地网

用户驻地网一般是指用户终端至用户网络接口所包含的机线设备（通常在一座楼房内），由完成通信和控制功能的用户驻地布线系统组成，以使用户终端可以灵活方便地进入接入网。属于CPN范围的有普通铜缆双绞线、同轴电缆、5类双绞线（UTP5）、楼内综合布线系统（PDS）、光纤到户等。

(四)固定电话网络、有线电视网络、计算机网络和无线网络

按照物理上相对独立的功能和构建方式,通信网络可分为固定电话网络、有线电视网络、计算机网络、无线网络。

1.固定电话网络

第一次语音传输是亚历山大·贝尔在1876年用振铃电路实现的。这时是没有电话号码的,相互通话的用户之间必须由物理线路连接,并且在同一时间只能有一个用户讲话(半双工)。由于每对通话的个体之间都需要单独的物理线路,如果整个电话网上有10个人,其中一人想与另外9个人通话,他就需要铺设9对电话线。同时整个电话网上就需要45对电话线。

但是,为每对要通话的节点之间均铺设电话线是不可能的。因此,一种称为交换机(Switch)的设备诞生。用户想打电话时,先拿起电话连接到管理交换机的接线员,由接线员负责接通到对方的线路。这便是最早的基于人工插接的电话交换网。

自20世纪60年代初以来,脉冲编码调制(PCM)技术成功地应用于传输系统中,它通过将“模拟”的信号数字化,提高了通话质量,增加了传输距离,同时节约了线路成本。电话网络数字化之后,全部采用程控数字交换机。电话网的交换方式是电路交换,其特点是通过呼叫连接端到端的物理电路连接,在通信期间,电路被两个通信的用户独占,即使不传输数据,该电路也不能被其他用户使用,直到通信结束,连接解除,才能释放电路。用户的模拟语音信号经过端局的数字化,进入到核心的电话交换网络中,以数字信号的方式传输。网络采用公共信道信令(CCS)方式传递控制信号。这时便出现了现代意义的PSTN网络。PSTN网络把世界上各个角落的人们都联系在了一起,所以有时一个通话需要穿越好多台交换机。

ISDN是在PSTN上为支持数据业务扩展形成的,通过普通的铜缆以更高的速率和质量传输语音和数据。ISDN的基本功能与PSTN一样,提供端到端的数字连接以承载话音或其他业务。在此基础上,ISDN还提供更高带宽的电路交换功能。也就是说,ISDN的综合交换节点还应具有分组交换功能,以支持数据分组的交换。综合业务数字网除了可以用来打电话,还可以提供诸如可视电话、数据通信、会议电视等多种业务,从而将电话、传真、数据、图像等多种业务综合在一个统一的数字网络中进行传输和处理。

2.有线电视网络

有线电视网络是一种采用同轴电缆或光缆进行传输，并在一定的用户中分配或交换声音、图像、数据及其他信号，能够为用户提供多套电视节目乃至各种信息服务的电视网络体系。

3.计算机网络

计算机网络是指将地理位置不同的具有独立功能的多台计算机及其外围设备，通过通信线路连接起来，在网络操作系统、网络管理软件及网络通信协议的管理和协调下，实现资源共享和信息传递的计算机系统。

4.无线网络

无线网络是一种非常重要的网络，通过无线信道进行通信，不需要提前布线。根据网络覆盖范围的不同，可以将无线网络分为无线广域网、无线局域网、无线城域网和无线个人局域网。

三、多媒体通信网络

要实现有效的多媒体数据传输，需要考虑以下六个方面的需求。

（一）高带宽需求

多媒体应用需要网络提供足够的带宽，带宽可用压缩方法来改善，如数字视频未压缩时需要140Mbit/s以上带宽才能传输，目前大部分的网络达不到这种要求，必须以压缩形式传输。但是需要注意的是多媒体通信的数据量往往很大，即使经过压缩后仍然很大。一般通过多媒体网络传输压缩的数字图像信号要求2~15Mbit/s以上的速率，传输CD音质的声音信号需要1Mbit/s以上的传输速率。

（二）QoS保证

传统的IP网络主要针对一些传统的网络应用，QoS的彻底实现需要网络的全面支持，不仅应用程序需要支持QoS，网络中的路由器和交换机也必须支持QoS。QoS要解决的主要问题是通信中的两个问题：延迟和抖动。延迟问题主要来自路由器转发时产生的延迟。对于多媒体单向信息流的应用（如视频点播）而言，由于各个分组转发的时延是固定的，因此延迟不是很大的问题。但对于需要实时交互的多媒体应用（如视频会议）而言，延迟则会大大影响感观效果，因此需要网络支持实时传输。抖动问题主要由于报文在分组交换网络中传递时,可能每个报文沿着不同的路由路径到达目的地,使得每个报文的延迟各不相同。

(三)多点播送

在多媒体交互和分配应用中,除点播外,还需有广播与多播功能。广播是指将信息从一个发送端传送到所有潜在接收端,如电视信号传送。多播(即组播)是指将媒体信息从一个发送端传到接收端一个逻辑子集。现在的多媒体应用一般基于组播传输服务,而传统的数据通信实现的是点对点通信,因而为了使基于传统IP网络实现多媒体应用,需要提供组播技术支持。

(四)差错率

多媒体应用在一定程度上允许网络存在错误,其主要原因在于人的感知能力有限,例如在一个冗余的视频流中个别组块存在传输的错误,是不会被人眼感知的,或者相对于反馈重发带来的延迟,接收者更愿意接受少量的错误,而不是相对较大的延时。

(五)同步

在时间约束方面,除了时延限制,就是同步的要求。同步是指时间上的同步。多媒体通信就是多种媒体在通信网络上的传输,这些媒体之间需要同步。例如,音频媒体要与视频媒体同步,否则会造成音画不同步。同步还有其他的形式,比如单个媒体内部也有同步关系,例如视频帧单元,每秒钟要传递25帧或30帧,帧间的间隔不能过长。

(六)交互性

交互性包括两个方面的内容:多媒体网络节点与网络系统的交互通信,以及用户与多媒体网络节点或系统的交互性。多媒体网络通信应该是双向及多点的,用户可以灵活地控制和操作通信过程或媒体内容。

第二节 人机交互技术及应用

一、人机交互概述

（一）人机交互定义

人机交互（Human-Computer Interaction，HCI）是关于设计、评价和实现供人们使用的交互式计算机系统，且围绕这些方面的主要现象进行研究的科学。广义上讲，人机交互以实现自然、高效、和谐的人机关系为目的，与之相关的理论和技术都在其研究范畴，是计算机科学、心理学、认知科学以及社会学等学科的交叉学科。狭义上讲，人机交互技术主要是研究人与计算机之间的信息交换，它主要包括人到计算机和计算机到人的信息交换两部分。一部分是对于人到计算机的信息控制：人借助键盘、鼠标、操纵杆、眼动跟踪器、位置跟踪器、摄像头等交互设备，用手、脚、声音、身体的动作、眼睛以及脑电波等向计算机传递信息；另一部分是计算机到人的信息显示：计算机通过打印机、绘图仪、显示器、头盔式显示器、音箱等输出或显示设备给人提供信息。①

（二）人机交互的研究内容

人机交互的研究内容十分广泛，概括为：人机交互界面表示模型与设计方法（Model and Methodology）；交互界面是用户可见的，用户通过人机交互界面实现人与操作端的双向信息通信。因此交互界面友好性对软件开发的成功与否有着重要的影响。研究人机交互界面的表示模型与设计方法是人机交互的重要研究内容之一。

可用性分析与评估（Usability and Evaluation）：人机交互系统的可用性分析与评估的研究主要涉及支持可用性的设计原则和可用性的评估方法等，它关系到人机交互能否达到用户期待的目标以及实现这一目标的效率与便捷性，也是人机交互的重要研究内容。

多通道交互技术（Multi-Modal）：多通道交互（也称多模态交互）主要研究多通道交互界面的表示模型、多通道交互界面的评估方法以及多通道信息的

①王凌云，杨世康．增强现实人机交互技术研究［J］．电脑知识与技术，2021（14）：179-180.

融合等。在多通道交互中,用户可以使用语音、手势、眼神、表情甚至于脑电波等自然的交互方式借助视觉交互技术、语音交互技术等,与计算机系统通信,提高人机交互的效率和用户友好性。

虚拟现实中的人机交互:虚拟现实(Virtual Reality,VR)是借助于视觉、听觉和触觉等多通道交互技术及硬件设备创建出一个新的环境,让人产生身临其境感觉的一种技术。虚拟现实技术具有真实感、沉浸感和交互性三个鲜明特征,这里交互性侧重指参与者通过声音、动作、表情等自然方式与虚拟世界中的对象进行自由交互,它强调了人在虚拟环境中的主导作用,是人机交互内容和交互方式的革新。

(三)人机交互的发展

人机交互的发展与计算机发展息息相关,经历了早期的命令行阶段,到主流的图形用户界面阶段,并逐渐过渡到自然和谐的人机交互阶段。

命令行界面早期的人机交互是通过命令语言的输入输出实现人机的交互。交互形式是用户借助手眼,通过键盘和命令行界面实现与计算机信息的交互。这个阶段的人机交互技术较少考虑人的因素,只有接受过计算机科学的教育者才能较好地使用。

图形用户界面(Graphical User Interface,GUI)技术以窗口(Windows)、图标(Icon)、菜单(Menu)和定点装置(Pointing Device)为基础。该技术的出现极大地推动了人机交互技术的发展,形成了以WIMP(Windows,Icon,Menu,Pointer)为基础的第二代人机交互界面。该阶段的人机交互形式是用户使用鼠标和键盘,通过WIMP界面实现与计算机的交互,使不懂计算机但接受过初等教育的普通用户可以熟练地使用。

为适应目前的计算机系统要求,人机交互界面应能支持时变媒体(Time-Varying Media),实现三维、非精确及隐含的人机交互,而多通道用户界面(Multimodal User Interface,MUI)是达到这一目标的重要途径。多通道用户界面采用视线、语音、手势等多种新的交互通道、设备和交互技术,以自然、并行、协作和智能方式完成人机的交互。该技术通过整合来自多个通道的输入来捕捉用户的交互意图,提高人机交互的自然性和高效性。例如视觉通道的交互技术,包括生物特征识别技术(如人脸检测跟踪与识别、步态识别和虹膜识别等)、人脸表情识别、视线跟踪(眼动)技术、唇读识别与交互、躯体行为识别;语音交互技术主要体现“听、说”的能力，包括语音识别、语音合成技术、自然语言理解等技术，代表性的产品有微软小冰、百度度秘和京东智能客服等。此外，还有笔式交互、触觉式交互和脑式交互等交互技术。其中，脑式交互通过一台脑电图扫描器将非侵入性的电极贴在头皮上，捕捉和记录脑波信号并加以分析，以实现对人脑意念的读取。

二、交互设计

即使进入多通道多媒体的智能人机交互阶段，人机交互界面依然是整个人机交互系统中最重要的一个环节。20世纪80年代后期，“用户界面设计”成为计算机科学的正式课程，“可用性”和“用户体验”的理念进入学术研究领域。到目前人机交互领域已经扩展成为一门新兴的科学——交互设计。交互设计还是一门多学科交叉任务，涉及平面设计、工业设计、认知心理学、计算机、人机工程学、信息架构和可用性测试等。

（一）交互设计定义

从理论来看，交互设计这一概念慢慢地从人机工程学中独立出来。与人机工程学不同，交互设计更加强调认知心理学、行为学和社会学这些社会类学科的理论指导。人们普遍认可，交互设计的定义是设计人和物体（设备）的交流与对话；同时，设计师进行交互设计的目的是通过设计提升产品的有效性、改善易用性、增强吸引力。因此，交互设计是以满足用户的目标为导向，设计恰当的设计行为实现用户的目标。

交互设计和其他设计方法共同之处在于，它是对外形和形式进行设计。然而，与其他设计所不同的是，交互设计更专注于行为的设计。艾伦·库珀（Alan Cooper）对交互设计有如下定义：“交互设计是人工制品、环境和系统的行为，以及传达这种行为的外观元素的设计和定义。交互设计首先规划和描述事物行为的方式，然后描述传达这种行为的最有效形式。交互设计关注的是传统设计不太涉及的领域，即行为的设计。”

从用户角度来说，交互设计是一种如何让产品易用有效而让人愉悦的技术。它致力于了解目标用户的期望，了解用户在与产品交互时的心理和行为特点。用户体验是经常被忽略的一项因素，而事实上这一因素恰恰能决定产品是否能成功。用户已经不再仅仅满足通过使用无法理解的操作和界面来达成目标,而是希望在整个使用的过程中得到良好的体验,能够顺畅、易操作、易理解地达成目标,也使得用户体验的思想开始进驻到人机交互系统的设计中。

(二)用户体验

1.用户体验定义

加瑞特(Jesse James Garrett)在《用户体验要素》中有如下说明:“用户体验是指产品如何与外界发生联系并发挥作用,也就是人们如何解除和使用产品。”比如,我们在设计某个按钮时,如果按钮的响应不能以视觉反馈的形式呈现给用户,用户将无法知道该操作是否执行,这会使用户在使用该产品时产生困惑,极大地影响了用户体验。为了改善体验,可以将按钮设计成按下后在界面上出现操作完成的视觉反馈信息,或者改变按钮的颜色来进行提示。因此,用户体验所描述的是人们如何“接触”和“使用”产品。用户体验设计通常解决的是与应用环境有关的一系列综合问题:视觉设计选择合适的按钮形状和材质,功能设计保证这个按钮在设备上触发适当的动作,用户体验设计则是要综合以上两者,兼顾视觉和功能两方面,同时解决产品所面临的其他问题。

2.用户体验重要性

在计算机等人机交互设备发展初期,软件或应用系统的信息架构以及界面布局通常由软件开发者根据自己的经验和理解设计完成,这样制作的系统以完成任务目标为导向,操作过程往往符合软件开发者的心理期望,然而由于软件开发者与实际用户对于系统认知的不对等,导致实际用户在使用中困难重重。由于缺乏对系统目标用户的行为习惯和认知习惯的分析,导致设计制作的交互系统仅仅满足软件设计者自身对于实现软件功能的认知模型(即实现模型),而不符合目标用户的心理模型。随着人机交互的发展,计算机图形界面不断完善,软件系统被制作得越来越复杂,用户在实际体验上与软件开发者的差异越发明显地体现出来。一些产品在使用过程中经常带给用户困扰以及不必要的麻烦(如老旧操作系统中弹出无法理解的代码式警告),有时甚至带来灾难性的后果。这些不愉快的使用过程都表明,开发者在用户体验方面的关注有所欠缺,而更多地在关注产品将用来做什么。

3.用户体验的要素

加瑞特在《用户体验要素》中提到用户体验的开发,主要关注五个方面,分别为表现层(Surface)、框架层(Skeleton)、结构层(structure)、范围层(Scope)、战略层(Strategy)。用户体验五要素模型被世界范围内的交互设计从业者奉为经典,能辅助设计师更有逻辑性地观察整个用户体验。对于设计产品来说,则可以按照从下往上的框架来做。

(三)交互式设计流程

1.用户调研

交互设计包含于产品设计的设计阶段,对应用户体验五要素的结构层和框架层。目前主流交互设计强调以用户为中心的设计,即UCD(User Centered Design),是指在设计过程中以用户体验为设计决策的中心,强调用户优先的设计模式,主张设计应该将重点放在用户层面,使其依照现有的心智习性,自然地接收产品,而不是强迫用户重新构建一套心智模式。即要求设计者深入了解目标用户,基于目标用户的认知、情感和行为做出设计决策。根据“交互设计之父”艾伦·库珀在《About Face3:交互设计精髓》中的阐述,交互设计基本流程可以总结为:用户调研及处理、需求分析及目标确定、竞品分析、信息架构及层次设计、原型界面设计、可用性测试及交互评估、修整方案并输出最终原型。

为了确定用户对于产品功能和设计上的需求,以及掌握用户的使用行为和习惯,贯彻以用户为中心的设计理念,用户研究是不可或缺的,设计团队需要对用户体验信息进行收集和分析。收集信息之前,我们必须明确两个问题——确定目标用户群体及确定信息收集的途径和方法。所以在定义需求以前必须定义出用户。一旦知道了用户,就可以进行调研。

2.人物建模

艾伦·库珀提出了一个有力的工具——人物角色(Personas,又称用户角色、用户画像),设计师往往通过收集数据来构造真实用户的虚拟代表模型,这样可以更直观有效地获取用户的目标、需求、特征、行为习惯等。在进行用户画像时,将用户分为不同的类型,然后每种类型中取出一些典型的特征,根据这种特征创造人物,给它们赋予名字、照片、习惯以及一些场景描述,将用户调查及用户细分过程中得到的分散资料重新关联起来,这样就形成了一个人物原型。

3.需求定义

(1)场景剧本

在20世纪90年代,HCI(人机交互)专业人士们围绕面向用户的软件设计的概念进行了大量的工作。从这个工作中,出现了场景剧本的概念,通常被用来通过具体化来解决设计问题的方法,即将某种故事应用到结构性的和叙述性的设计解决方案中。

(2)确定需求

在对场景剧本的初稿完成后,可以开始分析它并且提取人物角色的需求,这些需求包括对象、动作等。

4.框架定义

(1)功能与数据元素

功能和数据元素是界面中要展现给用户的功能和数据,每一个元素的定义都是要针对先前定义有具体需求,这样才能保证我们正在设计的产品的各个方面具有清晰的意图。数据元素是交互产品中的一些基本主体,并且是服务器端技术人员创建数据库的依据,是数据结构的辅助文件。功能元素是指对数据元素的操作及其在界面上的表达。

(2)信息架构

信息架构(Information Architecture)诞生于数据库设计领域。信息架构的对象是信息,通过设计结构、决定组织方式及归类,以达到让使用者容易寻找与管理的目的。简单来说,就是给予合理的组织方式来展现信息,为信息与用户之间搭建一座畅通的桥梁,是信息直观表达的载体。在互联网的领域,信息架构首先在网站的建设方面发挥了很大的作用,随着Web 2.0时代的到来,信息变得越来越繁杂紊乱,业务流程和分支越来越多,对垂直搜索和导航的需求越来越高。于是,网站的负荷越来越大,优化网站的架构是解决这些问题的有效途径之一,专职的网站信息架构师也随之诞生,也可以说是互联网行业最早的交互设计师。

在进行框架设计时,权衡好深度和广度,要考虑的因素有很多,包括产品的核心价值、内容的数量、用户的熟练程度、内容组织的有效性、目标内容的使用频率、内容之间语义相似性、使用情境特征,甚至是手机的反应时间等。

(3)流程图

流程图是一种对流程的抽象表示,是一种不同于数学公式的算法表达,它使用的是可视化的形状箭头和文字。在进行原型设计之前,需要通过流程图对应用有一个全面的了解。流程图的种类有很多,一般常用的有任务流程图(Task Flow)和页面流程图(Page Flow)。

(4)导航设计

优秀的产品框架设计可以减少用户迷路的概率,而导航系统可以帮助用户走出迷宫,协助用户在内容上行动自如,告诉用户如何迅速合理地浏览信息。移动端的导航系统并不像我们表面看到的那么简单,主要有标签式、辐射式、列表式、平铺式和抽屉式等导航方式。

5.原型设计

(1)概念设计

在概念设计阶段,不必深究产品的交互细节,从主到次,从大到小,我们的草图多用粗略的方块图来表达并区分每个视图。这个阶段一定要看到整体且高层次的框架,不要被界面上某个特殊区域的细节分散了精力。在以后的阶段中,再来详细地探索细节上的设计,过早的探索会局限我们的思维。概念设计比低保真原型成本低很多,又可以收集来自多角度的智慧,发现现有概念的不足,给予更多的点子。

(2)低保真原型

在进行了大量的思考和铺垫之后,即可开始画原型,每一个元素都有细腻的表现语言,低保真的原型一般由线条和黑白灰色块组成,也称为“框架图”。

(3)高保真原型

把高保真产品原型当作描述产品的最基本方式,产品原型可以验证产品的创意,加深产品经理对产品的理解,避免开发团队浪费时间和精力开发没有把握的产品。

三、交互设计的一般原则

人机交互界面普遍存在于各行各业中,但所有界面都具有一个共同的特征就是为使用而存在。Ben Shneiderman 提出了 8 条交互设计法则,这些法则适用于大多数的交互系统:①力求保持一致性;②满足普遍可用性;③提供及时有效的反馈;④设计对话框结束信息;⑤预防错误;⑥允许后退;⑦让用户掌握控制权;⑧减少使用者的记忆负担。

作为典型交互式产品,对手机端界面的交互设计得到了越来越多的关注。用户对手机的交互需求已经从过去简单的功能实现,发展到了今天对于用户体验的高要求。有研究指出,手机的使用环境、手机用户的特点和需求、手机软件和硬件的匹配,显著影响手机用户体验。移动设备平台有自己的特点,在设计时不能直接将计算机端的体验原封不动移植到手机屏幕上。

(一)移动端的用户体验模型

当前,移动通信迅猛发展,智能手机已经成为市场主流,手机在互联网终端设备中超越计算机,成为人们使用最多的设备。用户对手机的交互需求已经从过去简单的功能实现,发展到今天对于用户体验的高要求。

(二)移动端人机交互设计相关原则及方法介绍

移动端人机交互设计除了遵循交互设计的一般原则外,自身也存在一些特定的设计原则:①应注意在“移动”的场景下,用户的操作习惯和行为特征。尽量适应单手持握操作,尽量减少用户精确点击,利用触屏手机多种手指和手势操作的特点,防止误操作。设计多种手势操作。对相关信息的布局进行调整,对信息层级进行合理架构,在不牺牲良好阅读性的前提下,最大限度地减少信息获取成本。②遵循移动设备的界面设计规范。较为主流的智能手机操作系统如ios、安卓等都制定了自己系统相应的界面设计规范,在进行设计时应当依据设计规范以达到应用与系统的交互形式相统一。③对于一个任务的完成可能需要两个或多个信息来源,这些来源应该是互相兼容的,且有一定程度上的内部联系,即遵循最大兼容性原则。通过相近的颜色、图案、形状等,降低用户获取信息的成本。④用户应当能够较容易地通过不同信息来源获取信息,例如听觉和视觉信息同时呈现,而不全部只使用一种类型的信息。

第三节 基于大数据的互动业务系统设计

一、互动业务系统的定义

互动业务系统(Interactive Service System,ISS)中的“互动”与“交互”的英文

表述相同,“业务”与“服务”的英文表述也相同,所以“互动业务”也可以叫作“交互服务”。互动业务系统与服务系统紧密相关。服务系统定义为“可看作一种社会化的技术系统,是自然系统与制造系统的复合”。服务系统是对特定的技术或组织的一种网络化配置,用来提供服务以满足顾客的需求和期望。在服务系统中,服务的提供者与服务的需求者之间按照特定的协议、通过交互以满足某一特定顾客的请求,进而创造价值,彼此之间形成协作生成关系。好的服务系统使得那些没有经验的服务提供者能够快速准确地完成复杂的服务任务。①

互动业务系统是以人机交互为基本属性的服务系统。国际计算机学会(Association for Computing Machinery,ACM)把人机交互定义为“面向人类使用的交互计算机系统的设计、评估与实现”,维基百科把人机交互定义为“研究设计和计算机技术的使用,尤其是面向用户与计算机之间的界面的设计与计算机技术的使用。人机交互领域的研究者既要分析人类与计算机交互的方式,也要设计人类与计算机交互的新方式”。

以基于Web或者智能终端(如手机、平板、机顶盒等)的互动业务系统为例。人们通常认为人机交互指的就是操作人员与可辨识、可操作“界面”之间的交互,强调界面的设计与实现。在语音、手势、眼动、表情、脑波等人类自然信息交流方式被不断感知和识别的今天,传统的人机交互从这种可辨识、可操作的“界面”扩展为基于语音识别、手势识别、眼动识别、表情识别、脑波识别的自然人机交互,如基于Kinect的手势识别进行游戏交互就是一个典型的例子。

除了交互界面、自然人机交互,在互动业务系统中,人机交互还包括更多的内容。交互界面、自然人机交互由于直接获取和识别最终用户的操作行为,并通过输出设备将信息与处理结果反馈给最终用户,因此可以称之为一级交互。在一级交互之上,可以对消费者或使用者在使用过程中采集、识别的信息与行为数据进行深入分析,形成二级交互。这种分析一方面可以综合多个最终用户的一级交互信息,形成总体的规律判断与决策支持,另一方面也可以对个人的交互行为,以及其互联网行为进行深入分析,并有可能结合多用户的总体规律判断结论,形成对个人的状态判定和偏好预测。

---

①罗慧,刘梅招,张栋宇,林华德,李禹梁. 基于大数据平台的智能配电网状态自动监测系统[J]. 自动化与仪器仪表,2019(6):41-44.

(一)互动业务系统是可用的、可运营、可管理的服务系统

“业务”与“服务”相比,更加强调可运营性,即互动业务系统强调面向服务需求者(大众或者某一个特定消费群体),提供实际可以使用、可以运营、可以管理的系统,而不是实验室的创意和实验品。从实验室的创意和实验品走向实际的商用、实际的运营,还有很多非技术的因素要考虑。互动业务系统的非技术因素包括但不限于服务体系、品牌、销售、服务支持、运营支持、风险管控等内容。

除了业务与服务的关系,与之相关的概念还包括产品解决方案等。产品一般是指软硬件实体,用于提供有形或无形的价值,比如MPEG2编码器、独立加扰器等。业务与服务就是构建在产品之上的。解决方案强调业务与服务的总体设计,强调产品与技术的集成策略与方法,用于满足用户的实际业务需求,比如云媒体编辑系统解决方案等。互动业务系统正是相关解决方案的具体实现。

互动业务系统可管理性包括自我管理维护、第三方管理等内容。自我管理维护是互动业务系统运营商设定和部署的辅助功能,用于对互动业务系统的运营状态进行监测、评估与响应处理。自我管理维护具体可以包括管理维护的规章制度、人员部署、监测与评估系统等。除了自我管理维护,互动业务系统通常还应接受由运营方与第三方共同实施的运营管理与监控,用于行业维护健康发展和国家实施应急响应,比如互联网电视业务中基于关于牌照的规定、关于内容监管的规定、关于隐私保护的规定等构建的相关辅助系统。

(二)互动业务系统是多种技术方法的综合应用,是多种不同功能用途的软硬件产品组成的

互动业务系统不是单一的技术或软硬件。所有这些技术及其相关产品都可以用于设计满足某种特定需求的解决方案,并构建互动业务系统。此外,在将实验室的想法、创意逐渐转变成可用的、可运营、可管理的互动业务系统过程中又会遇到许多新的问题,需要一些新的技术来支撑,比如跨平台跨终端开发技术、虚拟化与云计算技术、互动业务信息安全技术等,也需要技术与艺术要素的结合来设计开发符合人类认知特点和行为习惯的技术产品与业务系统。

在互动业务系统的设计、开发、部署中,我们需要从单一技术的研究与应

用中跳出来，从观察"树木"到俯瞰"森林"，站在更高层次的系统界面上，综合地审视或者应用这些技术，来为创意实现、业务运营提供支撑。以整个广播电视网络环境为例，其业务系统的构建和运营就包括诸如视频技术、音频技术、图像技术、网络技术、存储技术，甚至物联网技术、云计算技术、数据分析技术等。除了技术要素外，艺术要素在广播电视系统的运营中也不可或缺，比如在内容的编辑、特效的制作、频道的包装等。作为技术工程人员，如果希望能够更好地服务于互动业务系统的使用者，势必也需要培养自己的艺术素养，加强对系统中艺术要素的感知以及与艺术设计人员的协作沟通能力。

（三）互动业务系统是具有明确商业模式和服务方式的服务系统

互动业务系统的设计与构建，需要解决很多现实问题。包括技术是否成熟？技术方案是否可行？是否具有清晰的服务方式与商业模式？商业模式是指企业盈利的模式，是企业与用户、供应商、合作伙伴之间存在的交易关系和连结方式，它建立了"需求"与"资源"之间的某种价值联系，是对"机会"的把握、对"需求"的厘清和对资源的界定。服务方式是指服务提供者向服务对象提供服务的具体形式与方法，其关键在于如何适应或引导消费者的需求，吸引其使用并购买服务。随着生产者与消费者的关系日益模糊，服务方式也变得双向化。商业模式是互动业务系统的运营赖以生存发展的关键，好的商业模式是互动业务系统成功的基础保障。服务方式，尤其是创新的、具有吸引力的服务方式是互动业务系统建立的基础，好的服务方式可以挖掘、引导、满足社会经济各方面的需求。

随着信息处理、互联网的发展，互联网、云计算、大数据、人机交互、人工智能等新技术对商业模式、服务方式的变革创新具有重要意义，催生了一大批新的商业模式和服务方式，如零售业的网络化、P2P（点到点对等模式）、O2O（线上与线下结合模式）、C2C（消费者到消费者模式）。与此同时，现代服务业的概念被提出和实施。2012年2月，国家科技部发布的第70号文件指出："现代服务业是指以现代科学技术特别是信息网络技术为主要支撑，建立在新的商业模式、服务方式和管理方法基础上的服务产业。它既包括随着技术发展而产生的新兴服务业态，也包括运用现代技术对传统服务业的改造和提升。"现代服务业中强调利用新的信息技术改造或构建服务业，强调商业模式、服务方式等方面的创新，而互动业务系统正是现代服务业得以实施的方法和途径。

同样,互动业务系统也自然具备了现代服务业所需要的创新商业模式、服务方式和管理方法等属性标签。

除了上面基本特征外,互动业务系统还应满足国家网络空间安全的整体要求和信息安全的基本要求,包括保密性、完整性、不可否认性、持续可用性等。随着云计算、大数据等技术的应用和发展,人们更加依赖互联网。但是人们在获得更具个性化的服务时,其隐私也越来越受到侵害,隐私保护越来越受到关注。隐私破坏对个人、家庭带来了负面影响,伤害了其利益,进而对国家社会稳定和经济健康发展也产生了严重影响。除了隐私保护外,知识产权保护、系统安全防护也是互动业务系统必须考虑的安全问题。随着国家网络空间安全相关平台、系统、制度、人才培养基地等的建设,势必形成一体化的安全保障体系,互动业务系统即作为安全的网络空间中运行的应用系统,同时也将具备满足自身特殊安全需求的安全子系统,甚至将互动业务系统构建在隐私保护等基本的安全约束条件之上,其技术方案、算法与结构、系统实现与部署等将进行重构。

二、互动业务系统举例

(一)基于Web的互动业务系统

任何一个Web页面都有一个主题和焦点。例如,一个网站主页的主题是视频内容,焦点是视频播放区,加上主页的特殊地位,使访问者形成了对网站定位和要传达内容的第一认识。在这个主页上最醒目的是视频播放区域,可以用于动画、影视作品等艺术作品的展出,有时也会有重大新闻视频。所有视频内容都需要根据预期、用户、终端、网络环境等因素进行压缩后存储和播出。网站上的图标背景,甚至一些特殊的文字,在前期都需要专门制作,进行图形图像变换,如果是动画,还需要大量渲染等工作,为相关要素的最终呈现做好准备。

所有的视频、音频、文字等网站资源及其元数据被存储、索引,同时也允许被高效地访问、修改。这些需要内容管理技术及相关的内容管理系统(Content Management System,CMS)的支持。随着视频、音频、文字等资源数量越来越多,逐渐会给存储、检索等带来压力,同时随着用户访问量的上升,网站可用性问题也越来越重要,采用云计算技术、负载均衡等技术可以有效地解决这方面的问题。

此外，很多网站都提供用户注册、登录功能，以方便为用户提供更加个性化的服务。这至少需要一个用户信息管理系统，采用存储技术、权限管理技术等完成对用户信息的有效组织管理和角色权限控制。

大数据技术在这个网站中是否已经应用？有人说，随着管理的视频、音频、新闻量越来越多，就可以叫作大数据了。其实，真正的大数据，并不单单是数据量上的巨大，还要充分考虑数据的5V特点，并利用新的处理模式，针对性地进行数据整理与关联分析，并形成对网站内容创作与聚合、服务方式的指导，甚至由此影响内容的呈现以及与用户的进一步互动。互动业务系统在当前信息技术发展阶段的任务之一就是要分析挖掘数据的价值，并由此为互动业务系统的行为做出决策。

（二）交互数字电视系统

在交互数字电视系统设计中，除了需要考虑在家庭电视操作环境下特殊的交互设备（如遥控器等）和交互方式（如按键、单手操作等）外，还需要考虑与界面呈现相关的软硬件技术问题。比如界面信息的描述数据结构、网络传输方法、信息更新协议等，以及网络接口的支持、机顶盒中间件技术的支持、服务器端数据库系统支持等。通过这些技术、系统的协调配合，最终在数字电视用户面前呈现出了可交互的、注重用户体验的电视界面。

典型的交互数字电视系统的交互设计，一方面注重电视交互界面的设计，另一方面注重遥控器等操作设备的设计。这些交互设计首先要考虑的是数字电视操作使用的场景环境特点，比如宽视角等。在电视交互界面的设计上，除了一般的交互设计原则外，针对交互场景特点，提供更简化的界面布局、更迅速的焦点移动非常关键。在遥控器等操作设备的设计上，一般首先要考虑导航问题，也就是提供最为方便的方式使得用户可以浏览、定位所需要的电视栏目与内容，常用的方法就是十字方向键加确定键。

除了基于传统遥控器方式实现电视用户对数字电视节目内容进行控制以外，基于手势、基于语音、基于复杂的键控器（带扩展键盘的遥控器）也是交互数字电视的交互设计中被广泛考虑的。如AppleTV、Xbox、GoogleTV等都引入了这些交互模式。

（三）基于人机交互的视频业务系统

基于触摸的视频业务系统随着Apple的iPhone的面世，触摸屏和触摸技术的应用大行其道。触摸技术也被应用到视频业务的人机交互中，广泛应用在视频展示、视频会议、移动视频的操作控制上。触摸技术在不断发展，从单点触摸、二点触摸，到多点触摸，但是真正体现触摸技术价值的是基于触摸的应用。通过触摸技术，可以采集到指点的位置以及运动变化信息，如压力方向等，进而可以识别两指相向运动、单指左右运动等。基于这些触摸行为的识别，视频业务系统的设计者可以为这些触摸行为设定系统响应和信息反馈，比如将两指或更多指的左右同向运动指定为视频的快进或快退，而将单指的左右运动指定为视频节目或频道的切换等。基于触摸的视频业务服务使得使用者操作视频的方式更加自然、流畅，同时也使得操作的主动性更强。

在基于手势的视频业务系统中，综合静态手势、动态手势、单指手势、多指手势的识别与操作设定，可以实现与触摸相同的功能。基于手势的视频业务系统，更加适合远距离、简单环境下的视频操作，如客厅电视。当然除了视频业务以外，手势识别也被广泛应用于家庭娱乐、智能驾驶，以及与智能穿戴、虚拟现实、混合现实等结合起来形成对虚拟物体的操作。

在基于脑机交互的视频业务系统中，可以通过人的脑波直接控制电视的频道切换等操作，为语言障碍、行动障碍的人员提供了可能的数字电视交互方式。在这个系统中，作为脑机交互接口的脑波仪或相关设备完成了对大脑信号的采集工作，通过与之连接的脑波分析模块帮助系统尝试理解操作人员的操作意图。真正实现对操作人员意图的理解，还需要其他技术的支持来共同完成，比如脑波实时传输技术、大脑意识识别技术、意识搜索与匹配技术、情感分析技术等。作为完整的交互业务系统，还需要根据人员意图进行响应并反馈相关信息，通过交互设计方法（包含设计与评估）给出具有人性化属性的交互模式，符合语言障碍、行动障碍人员的交互约束条件要求。所有上述人类行为信息的识别，除了可以在设备内嵌算法模块的方式实现外，还可以利用网络和远程服务器进行分析识别，比如利用云计算实现大规模并行化分析、利用机器学习模块降低系统开发难度、提升识别准确度等。目前很多产品，如微软的机器翻译、科大讯飞的语音识别、谷歌的AlphaGo等都是基于这种远程模式的成功案例。

（四）基于VR/AR的互动业务系统

虚拟现实（VR）、增强现实（AR）、混合现实（MR）等技术正在受到追捧，创业者、投资商蜂拥而至，希望在正在兴起的虚拟世界里淘金。虚拟现实技术、增强现实技术、混合现实技术自1963年开始被研究，至今已经有50多年，时至今日，其技术上依然存在阻碍应用的瓶颈，一些科学问题也还没有得到很好的解决。但是这些瓶颈无法阻挡大众对更新交互体验的需求、无法隐藏VR/AR可能带来的巨大市场价值。利用VR/AR设计开发数字游戏正是其中广受关注的应用热点之一。在设计开发基于VR/AR的数字游戏过程中，并不需要过多的VR/AR技术本身的研究，更多的是游戏本身的创意，以及从设计、开发的角度更好地选择、利用VR/AR工具，设计具有良好游戏体验的交互场景和支持系统。这样的变化，也促进了VR/AR向产业化应用发展，并且形成产业链。产业链上较底层的一部分企业侧重于基础和关键技术研究、基础技术转化，形成VR/AR的服务系统和工具库；较高层的另一部分企业侧重于应用、业务开发、系统集成等。对于发展较为成熟并且更看重未来业务可持续创新的企业来说，更加看重前者，并创建VR/AR应用开发与系统运营服务平台。

（五）偏好分析与信息推荐系统

互动业务系统的交互性分为两级：一级交互和二级交互，其中二级交互站在更高层面上进行数据整合与分析。随着人工智能的发展，二级交互的作用越来越明显。在二级交互中，偏好分析与信息推荐技术已经被广泛应用到各种个性化服务中，而且正朝着更加智能化、系统化、持续化方向发展。

与信息推荐技术与系统相关的几个概念包括行为分析、用户画像、偏好分析。行为分析来自心理学，由美国心理学家亨特提出。在互动业务系统中，行为分析更强调网络（互联网）行为分析。网络行为分析既是提高网络安全性的手段，也是提供满足大众需求甚至个性化需求的基本方法。行为分析的概念比较广泛，而用户画像、偏好分析更加强调对用户（群）的特征、与领域相关的消费喜好等方面的分析、建模等。用户画像与偏好分析的区别在于消费相关性和领域相关性。用户画像是对用户自身特征的分析与标签化，这种画像往往是与消费领域无关的；偏好分析具有很强的消费相关性和领域相关性。作为未来发展方向之一，充分结合用户画像和偏好分析的跨领域、场景化的信息推荐将是研究与应用重点。

举例1:旅游个性化导览服务。

通过个性化推荐技术和基于位置的服务,将线下公园实景区域的相关信息进行数字化迁移,并且通过移动客户端与游客交互,在大数据平台上对用户游览数据进行筛选、分析和整合,从而对游客进行多样化的智能导览;同时还可以根据游客当前所处环境对游客进行实时的个性化关联信息推荐等,最终实现园区游览的定制化和个性化服务。基本旅游个性化导览服务系统包括存储园区景点信息的存储系统、游客信息采集系统、数据分析系统、园区内高精度地理定位服务系统、游客个性化推荐服务系统、移动客户端应用等。

举例2:影视信息推荐服务。

以个性化节目推荐服务为目标,可以建立一个基于高度灵活和可扩展体系结构的个性化电视节目推荐系统,通过研究用户行为,判断用户收视喜好,然后向用户提供主动推荐服务。自动跟踪用户兴趣变化,完成对推荐的节目和服务进行调整。通过收集用户静态信息和动态反馈,为用户建立个性化的喜好模型,在用户登录时调用基于显性喜好或隐性喜好的推荐算法,主动为用户推荐符合用户兴趣的节目。

三、互动业务系统设计问题

在互动业务系统设计的过程中需要考虑五个方面的问题,即系统解决的需求、服务的对象和提供者、软硬件系统、支撑资源、提供的商业(盈利)模式与服务方式。

(一)解决的需求

互动业务系统设计者需要提炼并明确服务需求,明确受众需要什么样的服务,明确业务的功能定位。比如大学生就业信息服务系统解决的核心需求就是就业信息在大学生与用人单位之间传递和使用效率不高的问题,由此关联问题还包括专业建设和就业决策问题。综合这些问题的解决,形成解决宏观意义上大学生就业难问题的重要组成部分。

(二)服务的对象和提供者

服务的对象一般来说是指最终使用互动业务系统的受众。通常情况下,一个互动业务系统面向的服务对象不会是全体人类或者通常意义下的大众,它都有一个相对较窄的受众群体。比如基于移动终端的互动业务应用、网络自媒体等通常都是根据其面向的受众群体的服务需求、定位，设定相关应用场景和功能。在这里，互动业务系统平台可以独立形成一个“支持互动业务系统的系统”，如阿里云、百度云等，为构建互动业务系统提供资源、平台、软件工具等方面的基础支持。这些平台的服务对象是互动业务系统的拥有者、开发者。互动业务系统服务对象的高端小众化越来越受到关注，深度挖掘高端小众的需求，提供满足他们的高质量服务越来越突出。服务的提供者不仅仅是指服务的设计者，更多的是指其系统运营者和相关服务实体机构。比如基于电子商务的互动业务系统，除了业务系统本身的运营者之外，还包括电子商务平台、金融机构第三方监管部门等，这些构成了服务提供者的服务实体。在基于电子商务的互动业务系统中，电子商务平台建立了系统与消费者之间的信任服务平台，形成了系统、金融机构之间的中介，由它来进行信息交换的中转协调，保证整个服务的安全可信。

（三）软硬件系统

互动业务系统的设计者基于对服务提供者与对象的分析，提炼交换信息，建立系统模型，确定数据流向，设计交互协议，并实现相关的软硬件系统运行实体。比如混合现实头戴式显示器包含混合现实的场景感知与叠加模块、主体运动定位和眼动跟踪模块手势与语音等识别模块等。混合现实头戴式显示器是构成混合现实应用的重要一环，传统的交互业务及其支持系统，比如新闻、游戏、视频等，都可以与之结合，提供更加逼真、沉浸感更强、无处不在的交互体验。当然，一些专属的交互业务也可以针对混合现实头戴式显示器的交互特点设计开发，比如辅助建模、虚拟工作场景等。此外，在统一的操作系统支持下，我们可以方便地实现跨终端类型的混合现实体验。

（四）支撑资源

支撑资源包括技术资源、平台资源、人力资源、关系资源、金融资源等。比如电子商务中如何在保证支付信息安全和隐私安全的情况下，还让商家知道客户的订单和支付情况，让银行知道客户的支付信息以及与订单的关系，这就需要加密、数字证书、安全传输等，这些技术综合起来为电子商务保驾护航。在信息推荐系统中，更精准的、覆盖率更高的推荐算法、更加人性化的推荐技术出现，作为技术引擎加载到业务系统中与系统其他部分协调运作起来。除了拥有的技术资源外,其他非技术资源也同样对互动业务系统的成败具有重要作用。以创业者为例,往往根据自身拥有的支撑资源进行重组和部署,设定商业模式和服务方式,实现资源价值的最大化。

(五)提供的商业模式与服务方式

通常情况下,商业模式与服务方式分为公益性、商业性两大类,需要从广度(参与数量、覆盖率等)、深度(成功率、管理优化程度等)方面描述如何为主体提供价值,又为国家、政府、管理单位用户、其他服务对象提供价值。对于公益性的商业模式与服务方式,还需要从国家、政府、管理单位付出的直接成本、间接成本方面进行运营成本估计。对于商业性的商业模式与服务方式,需要从企业、管理单位付出的直接成本、间接成本方面进行运营成本估计。不管是自有资源的价值最大化还是引入投资等关系抓住市场机会从而产生价值,商业模式与服务方式都是决定互动业务系统成败的关键要素。比如微信的成功是建立在完整的以朋友圈为核心的移动社交服务方式和价值生态系统的商业模式上。商业模式与服务方式不是一成不变的,基本原因在于用户的需求是在不断变化的。时刻保持对用户潜在需求的敏感性以及不断更新调整商业模式与服务方式,是互动业务系统能够持续发展演变、扩大效益的关键。对商业模式与服务方式的思考一定要先于对系统的构建,并对最终的使用者带来价值。

四、基于大数据的互动业务系统设计方法

互动业务系统的设计首先需要建立系统化的意识,从交互界面设计到云计算编程,从前端开发到后台数据库管理等,不要孤立某项技术和系统的存在,应该围绕互动业务系统设计问题的解决,从复杂系统、信息交换、逻辑控制等角度形成较为完善的技术方案。当然,互动业务系统自身的特点也需要高度关注,任何系统的构建都不可能一次就位,除了自身功能、性能等方面的完善外,不断挖掘潜在的用户需求,改进调整互动业务系统架构也是必要的。快速原型开发、系统与模块迭代、瀑布流、复用与重构等都是在实际的互动业务系统设计中经常被使用的软件工程方法。目标就是使得在机会、需求高速转换的时代,能够兼顾质量的商业模式与服务方式的互动业务系统,以便在实际的系统运营过程中,尽快体现其设定的价值,并在使用中不断获得应用反馈和信息再聚合,促进系统不断向更大平台、更广需求覆盖上演进。

具体来说,互动业务系统设计一般包括交互接口设计、交互界面设计、交互编程设计、交互协议设计、服务架构设计、数据分析设计、交互安全设计等七个部分。

(一)交互接口设计

这里首先需要对交互形式的特点有所认识,比如语音交互、触摸交互、WIMP交互、脑机交互等,交互形式的重要作用就是采集用户交互基本操作行为并关联其具体含义,需要对各种交互形式的适用范围、技术成熟度、实现成本及其之间的关系(如多通道交互的信息关联)加以评估研究,并对目标互动业务系统的交互场景和交互形式要求进行界定,从而形成对交互形式的选择,进而借助拥有的技术资源等实现相关的交互接口原型。

(二)交互界面设计

交互界面是互动业务系统用户操作和获得信息反馈的中心。交互界面分为软界面和硬界面两种。软界面可以是有形的图形用户界面(如移动终端的应用界面),也可以是无形的语音用户界面(如Siri、Cortana等),或者两者的结合。交互界面设计不是美术,抽象画式的界面是无法被普通大众接受和使用的,也会带来很多误解和延迟,严重影响交互体验。简洁、高效、与使用场景匹配是交互界面设计的基本原则。交互界面设计也不是交互业务功能的简单堆砌,定位和焦点的重要性必须得到体现。层次化以及与交互接口的配合也是在交互界面设计中需要考虑的。在交互界面设计中,需要对常见的交互设计模型及其组件要有清晰的认识,需要从人机工程学上分析、评估交互的流程与界面,使得用户得到一种非常自然的体验,用户接收信息比较容易,也愿意去反馈自己的感受和相关信息。比如应用到信息推荐系统中,需要考虑如何利用WIMP模型及其组件,方便采集用户的个人信息、观看行为、明确的兴趣偏好,并引导用户以较高的热情参与到整个推荐流程中去。要注意不能滥用交互模型及组件,比如无限制偏好选择项,会给用户带来疲劳和挫败感。此外,为了提高交互界面设计的工作效率,掌握一两种设计工具还是必要的,如Axure RP等。

(三)交互编程设计

在互动业务系统的接口、界面设计指导下,需要利用交互编程技术进行实现。交互编程一方便需要考虑前端、后端的集成化设计、开发,完善互动业务系统的功能、性能外,另一方面也需要考虑积木化、可视化的编程方式,来降低交互编程门槛,加速互动业务系统服务方式等的原型呈现。全栈式开发受到中小创业者的青睐,全栈式开发者对互动业务系统中前后端的相互配合及其信息走向非常清楚,对各种开发工具、系统模型也具有辨别优劣和综合运用的能力。与全栈式开发者关联的一个基础概念是编程范式。各种编程语言都不同程度地支持交互编程,而编程范式从总体上把编程语言进行了归类,并给出了学习、应用的方向性指导。

(四)交互协议设计

当互动业务系统涉及多个实体间信息交换或者利用互联网、Web等实现服务时,交互协议的应用甚至定制就必不可少。交互协议可以包括业务信息交换协议、远程数据存取协议、信息安全协议等类别。交互协议的设计是基于互动业务系统架构的,来自架构中关联实体的信息交换需求及其控制需求。在交互协议设计中,除了明确交互协议执行的实体外,还需要定义协议的数据包、格式时序关系等内容,进而实现交互协议的双端接口。为了实现信息交换的通用性,以便在不同的系统部件之间交换信息,协议的标准化工作也必不可少。通过标准化,对交互协议的设计目标、格式时序、应用场景等可以给出更加准确全面的定义。此外,交互协议需要充分考虑异构网络、不同操作系统的区别,屏蔽掉差异性。

(五)服务架构设计

作为构成互动业务系统的后台部分,对于最终用户往往是透明的,难以直观体会到其构成与内部关系,但是对于互动业务系统的运行以及与其他系统的合理关联和部署却至关重要。比如在基于二级交互的互动业务系统中,外部数据和交互数据的处理与分析非常依赖于系统后台的处理能力。在面向消费者、内容生产者等多种用户角色的互动业务系统(如轻量级采编与制播系统)中,系统后台需要在多个角色功能之间建立信息的交换、融合、存储、检索等机制。在服务架构设计中,云计算(包含虚拟化并行计算、分布式存储与检索)基础架构、大数据分析基础平台被广泛关注和应用,以适应需求多变的业务融合、智能化等方面的需求。比如利用公有云、私有云把现有服务器迁移到云端，利用云平台实现在运营中的业务资源适配（计算资源、存储资源等）。构建云有很多的方法，如 Hadoop、Spark 等，但各有优缺点，需要了解云存储的理论和方法，以及高效利用云的编程方式，如 MapReduce 等。

（六）数据分析设计

在服务架构设计中数据分析越来越多地被引入进来，辅助决策与实现个性化服务，并希望打造数据智能中心。数据分析以及衍生的数据智能中心一般都建立在云计算上或高性能计算基础上。随着数据分析的分布式、泛在性、及时性、隐私保护等要求的出现，也出现了小型化高性能的数据处理设备与芯片。数据分析设计可以综合考虑这两种类型的软硬件实现机制，设计、选择相关分析方法，评估分析效果与能力（如处理延时吞吐量等）。

（七）交互安全设计

交互安全设计即交互安全与隐私保护。在整个互动业务系统各环节中，随时保障各种信息传递、使用、存储的安全以及相关系统环境的安全很有必要。此外，隐私保护也越来越受到关注，它与推荐系统、数据分析等在一定程度上也构成了矛盾关系。从数据分析者的角度来说，要想更精准地进行分析和推荐，需要了解更多更细致的个人信息。从用户角度来说，要想获得更符合个人需要的信息，得到更加优质的体验，往往也不得不主动暴露更多的个人隐私。如何构建安全可控的系统运营环境、解决隐私保护与个性化服务等的矛盾关系值得提出相关解决方案，并研究解决相关技术难点。

上述七个方面，构成了互动业务系统设计的基本方法体系。希望这些方法能对我们构建一个可运营、可管理、安全可靠的互动业务系统，实现我们的创新价值提供技术方向引导。除了这七个方面作为具体方法指导，最重要的还是需要我们保持创新与实践的理念与心态，使我们能够不断地去研究技术创新、发现市场需求与机会，转化为可行的服务模式与商业模式。

第七章 基于大数据的计算软件安全发展研究

第一节 数据安全与存储

在当今的基础设施安全领域(网络层、主机层和应用层)和使用云计算的所有层面上,数据安全都变得更加重要。本章描述了数据安全的以下六个方面:①传输中数据;②静态数据;③数据处理,包括多用户使用情况;④数据沿袭;⑤数据起源;⑥数据残留。本章的目标是帮助用户评估他们的数据安全情况,并根据机构的风险做出合理的判断。在整个拓扑结构中,这些数据安全层面的重要性并不相同(例如使用公有云与使用私有云相比较,或者非敏感数据与敏感数据相比较)。

一、数据安全

关于传输中的数据,主要的风险并不在于使用符合规定的加密算法。虽然对于信息安全专家来说这一点是显然的,但其他人一般并不了解包括IaaS、PaaS或者SaaS在内的公有云在这方面的需求。确保协议提供保密性以及完整性也是十分重要的,尤其是那些用于在互联网上传输数据的协议。在不使用安全协议的情况下,如果仅仅实现数据加密的话,虽然可以提供保密性,但不能保证数据的完整性(例如,使用对称流密码)。

虽然使用加密来保护静态数据看起来是顺理成章的,但现实往往并非如此简单。如果你在IaaS云计算服务(公有云或私有云)使用简单存储服务(例如亚马逊的简单储存服务),加密静态数据是可行的。然而,将PaaS或SaaS模式中基于云计算的应用程序的静态数据进行加密以作为额外的控制手段,这在很多情况下是行不通的。基于云计算的应用程序使用的静态数据一般都是不经加密的,因为加密会导致无法对数据进行索引和查询。[①]

①白利芳,祝跃飞,芦斌. 云数据存储安全审计研究及进展[J]. 计算机科学,2020(10):290-300.

一般来说，对于静态数据，出于经济考虑，基于PaaS的云计算以及SaaS都使用多用户体系架构。换言之，基于云计算的应用程序所处理的数据，或者为基于云计算的应用程序所保存的数据，与其他用户的数据是混在一起存放的（数据通常存储在一个大规模数据存储系统中，如Google的BigTable）。虽然应用程序设计中常常包含如数据标签这样的功能来防止对这些混合数据的未授权访问，但还是有可能利用应用程序的漏洞实现未授权访问。虽然一些云计算提供商把其应用程序交给第三方审查或使用第三方应用程序安全工具进行检查，但数据所在的平台却并不是专门致力于为单独机构服务的。虽然机构的传输中数据在云计算提供商之间进行传输时可能是加密的，并且静态数据如果使用简单存储（如果数据不与特定的应用程序关联）的情况下也可能进行了加密，但这些数据在云计算（公有云或私有云）中处理时，绝对是不加密的。因此，除非云计算中的数据是只用来做简单存储，否则在云计算数据生命周期的部分阶段中都会处于未加密状态，至少在数据处理阶段是未加密的。

2009年6月，IBM宣布其研究人员与斯坦福大学的研究生合作，开发出一种完全同态加密方案，这种方案允许在不解密的状态下处理数据。这是密码学的一个巨大进步，只要进入实施阶段，就将对云计算产生重大的积极影响。以前关于完全同态加密方案的工作也是在斯坦福大学进行的，但IBM公告的方案比那些更有前景。虽然同态加密方案突破了完全同态加密的理论障碍，但它需要极大的计算工作量。为了减少云计算中处理数据所需要解密的数据量，其他加密研究工作也在进行着。

无论机构放在云计算中的数据有无加密，了解云计算中专门的数据存储的地点和时刻是非常有用的，甚至有时候是必需的（为了审计和合规）。例如，数据可能在日期x_1的y_1时刻传输到亚马逊Web服务（AWS）的云计算提供商，并在亚马逊简单储存服务中存储，之后在日期x_2的y_2时刻的此数据被机构通过亚马逊弹性计算网云（EC2）中实例处理，之后机构在日期x_3的y_3时刻把数据提出并存储在市场处理组的内部数据仓库中。对数据路径的跟踪（映射应用程序数据流或可视化数据路径）称为数据沿袭，它对审计有很重要的作用（内部、外部以及监管）。然而，向审计员或管理层提供数据沿袭往往是很费时的，即便应用环境完全在机构的控制之下。试图对某个公有云服务提供准确的数据沿袭报告事实上就更不可行了。

即使可以在公有云上建立数据沿袭，对于一些用户而言还有个更具挑战性的需求和问题：检验数据起源不仅仅证实数据的完整性，还需要更加具体的数据起源的信息。数据完整性和数据起源两者有着重要的区别。数据完整性是指数据没有被未授权的操作或未授权的人员修改。数据起源的含义是数据不但是完整的，同时也是计算准确的，也就是说，数据是精确核算过的。

讨论的数据安全的最后一个方面是数据残留。数据残留是指数据通过某种方式在名义上擦除或删除掉后的残留表现。如果存储介质被放置在失控的环境下（例如扔到垃圾堆，或交给第三方机构），数据残留可能会在无意中泄露十分敏感的信息。

在云计算服务中，无论采用什么类型的云计算服务（SaaS、PaaS或IaaS），残留的数据都可能在不经意间泄露给未经授权的一方。然而，未经授权的暴露是无法令人放心的，潜在用户应当询问可使用哪些第三方工具或者报告以检查提供商应用程序或者平台的安全性。虽然数据安全的重要性日益增加，但云计算服务提供商对数据残留的关注却非常低，很多提供商甚至在其服务中都没有提到数据残留。

二、降低数据安全的风险

云计算环境中用户基础设施安全并不在用户的掌控之内，提供商的基础设施安全性对大企业而言可能低于预期，而对中小企业而言则可能高于预期。虽然传输中数据应当被加密，但在云计算中对该数据的使用则需要进行解密（简单存储除外）。因此，在云计算中，数据将处于未加密状态。如果用户使用基于PaaS或者SaaS平台的应用程序，用户的未加密数据也是位于多用户环境之中（公有云中），再加上我们之前讨论的确定数据沿袭和数据起源的困难，以及许多提供商甚至不能解决基本的安全问题（例如数据残留）等现实情况，你就会明白用户的数据安全风险有多大了。

那么，应当怎样降低数据安全的风险呢？唯一切实可行的选择是确保不要将敏感数据或受管制数据放到公有云计算上（除非用户的加密数据在云计算中只是用作简单存储）。由于目前云计算的经济因素，以及密码技术的限制，云计算服务提供商并不提供足够强大的数据安全保证。可能经济因素改变后，提供商除了提供当前的服务，也提供“监管下的云计算环境”（例如，在这个环境中，用户愿意付更多的钱以使用安全增强控制来妥善管理敏感数据和受管制数据)。目前,唯一切实可行的做法是确保不要将敏感数据或受管制数据放到公有云计算上。

三、提供商数据及其安全

除了用户自己的数据安全之外,用户也应当关心提供商收集的数据以及云计算服务提供商如何保护那些数据。与用户数据非常相关的问题包括:提供商保存了哪些与用户相关的元数据,这些元数据的安全性如何,以及用户自己是如何访问这些元数据的。随着特定的提供商中数据的增加,元数据的数量同样也在增加。

此外,提供商必须收集并保护数量巨大的相关安全数据。例如,在网络层,提供商应当对防火墙、入侵防御系统(IPS)、安全事故和事件管理(SIEM),以及路由器等的流量数据进行收集、监测和保护;在主机层,提供商应当收集系统日志;在应用层提供商应当收集应用程序日志数据(包括身份认证和授权信息等)。

从提供商自身进行数据审计的目的来看,收集什么信息以及如何监测和保护这些数据,都是十分重要的。此外,在需要应急响应及事件分析取证时,这些信息对于提供商和用户双方都是十分重要的。

四、存储

对于存储在云计算中的数据(如存储即服务),这里是特指IaaS环境下的数据,而不包括与在PaaS或SaaS云计算中运行的程序相关的数据。这些在云计算中存储的数据(如亚马逊的简单储存服务)与在其他地方存储的数据一样,都有三个方面的信息安全考虑:保密性、完整性和可用性。

(一)保密性

对于公有云中存储数据的保密性,有两个需要关注的问题。首先,使用什么样的访问控制来保护数据?访问控制包含认证和授权两个方面。云计算服务提供商一般使用弱认证机制(如用户名加上密码),并提供给用户相当粗粒度的授权("访问")控制。对于大企业,这种粗粒度的授权使其面临着重大的安全问题。通常,云计算提供商所提供的授权级别仅有管理员授权(如账户本身的所有者)以及用户授权(如所有其他的授权用户),而在这两种授权中间没有其他的等级(例如业务单元管理人员,他们经授权批准业务单元人员的访问),而且这些访问控制问题并不仅仅存在于云计算服务提供商那里。

因此,用户数据是否真的在云计算存储时经过了加密?如果加密了,是使用什么加密算法,使用什么强度的密钥?这取决于所选择的云计算服务提供商。

如果云计算服务提供商确实加密用户数据,接下来需要考虑的问题是其使用什么加密算法,并不是所有的加密算法都能实现同等的加密效果。根据密码学,很多算法提供的安全性不够。只有被正式的标准机构(如国家标准与技术研究所)公开审核过的或者非正式的由加密社团所审核过的算法才可以采用。请注意我们这里讨论的是对称加密算法,对称加密涉及在加密和解密数据中使用私钥,只有对称加密算法才可以满足对大量数据进行加密处理所要求的速度和计算效率。在这种加密情况中使用非对称加密算法是很少见的。

接下来需要考虑的是所使用的密钥长度。在对称加密中,密钥长度越长(如密钥有较多位),加密强度也就越高。虽然较长的密钥可以提供更强的保护,但短时间内也需要进行更多的密集计算,而这也会加重计算机处理器的运算负担。对于三重DES(数据加密标准)其密钥长度应当不超过112位,对于AES(高级加密标准)其长度不应超过128位,这两种都是通过了美国国家标准与技术研究院(NIST)认证的算法。

关于加密的另一个保密性考虑是密钥管理。密钥是如何管理的?由谁管理?用户的密钥是否由自己保管?理想的情况当然是密钥由用户自己管理,并且用户已具备足够的专业技术来管理密钥。业内人士常说,良好的密钥管理是一项复杂和困难的工作,因此管理密钥需要额外的资源和能力。

密钥管理对于个人用户而言已经很复杂了,对于需要管理大量用户密钥的云计算服务提供商来讲就更加复杂和困难了。因此有的云计算服务提供商在管理用户密钥方面做得不够好。

(二)完整性

除了数据的保密性,用户还同样需要关心数据的完整性。保密并不意味着完整,可能根据保密要求对数据进行了加密,但可能没有验证这个数据的完整性。单单使用加密技术可以保证保密性,但完整性还需要使用消息认证码(MAC)。对加密数据使用消息认证码的最简单的方法是在密码分组链接(CBC)模式中使用对称加密算法,并包含单向散列函数。这些不适合没有密码学知识的用户，这也是为什么有效密钥管理很困难的原因之一。至少云计算用户应当向提供商询问这些方面的问题，这不仅对用户数据的完整性十分重要，还可以了解到提供商的安全计划是否全面细致。并非所有的提供商都对用户数据进行加密，尤其在PaaS和SaaS服务的情况下。

在使用IaaS进行大量存储时，数据完整性的另一个方面就显得尤为重要了。当用户在云计算中存储了数据时，用户如何检查存储数据的完整性？迁移数据进出云计算是需要支付IaaS转移费用的，同时也会消耗用户自己的网络利用率（带宽）。其实用户真正想要的是在云计算环境中直接验证存储数据的完整性，而不需要先下载数据然后再重新上传数据。

更为严重的是，完整性的验证必须在无法全面了解整个数据集的情况下，在云计算中完成。用户一般不知道他们的数据存储在哪个物理机器上，或者那些系统安放在何处。而且数据集可能是动态的、频繁变化的，这些频繁的变化使得传统保证完整性的技术无法发挥效果。

其实用户所需要的是数据的可取回性认证——一种验证动态存储于云计算的数据的完整性的数学方法。

（三）可用性

用户的数据不仅要满足保密性和完整性，还必须考虑数据的可用性。数据的可用性目前主要有两个威胁，虽然对于云计算而言都不是新威胁，但这些威胁在云计算中的风险却是越来越高了。第一个可用性的威胁是基于网络的攻击。第二个可用性的威胁是云计算服务提供商自身的可用性。

曾经发生过很多引人注目的云计算提供商停机事件。例如，2008年2月亚马逊简单储存服务停机2.5小时，并在2008年7月停机8小时。亚马逊Web服务是最成熟的云计算提供商之一，由此可见对于其他更小、更不成熟的云计算提供商而言所面临的困难有多大。由于亚马逊简单储存服务所支持的用户数量较大，使得亚马逊的停机事件更引人注目，而这些用户的业务操作都高度依赖于亚马逊简单储存服务的可用性。

除了服务停机外，云计算中存储的数据还会出现丢失的现象。例如，在2009年3月，基于云计算的存储提供商Carbonite公司对两家硬件提供商提起诉讼，指控两年前由于这两家硬件提供商的设备故障导致备份失败，致使Carbonite公司丢失了7500名用户的数据。

云计算用户还需要考虑云计算存储提供商在未来是否还会继续经营。例如,在2009年2月,云计算提供商Coghead突然倒闭,只给其用户提供不到90天的时间将数据从服务器上移走,否则这些数据就将全部丢失。

有关数据与存储安全的这三个考虑因素(保密性、完整性和可用性)都应该囊括在给用户的云计算服务提供商服务水平协议(Service-Level Agreement,SLA)中。然而,目前云计算服务提供商服务水平协议事实上都非常简单,其内容基本上是毫无价值的。即使某些云计算服务提供商的服务水平协议具有一些实质性的内容,但如何真正衡量这些服务水平协议也存在一定的困难。基于以上的原因,数据安全以及数据实际上是如何存储在云计算中等问题应当是非常值得用户注意的。

第二节 网络保密技术

网络安全从其本质上来讲就是网络上的信息安全。从广义上来说,凡是涉及网络上信息的保密性、完整性、可用性、真实性和可控性的相关技术和理论都是网络安全研究领域。网络安全是一门涉及计算机科学、网络技术、通信技术、密码技术、信息安全技术、应用数学、数论、信息论等多种学科的综合性学科,既包括网络信息系统本身的安全问题,也有物理的和逻辑的技术措施。

需要强调的是,网络安全是一个系统工程,不是单一的产品或技术可以完全解决的。这是因为网络安全包含多个层面,既有层次上的划分、结构上的划分,也有防范目标上的差别。在层次上,涉及链路层的安全、网络层的安全、传输层的安全、应用层的安全等;在结构上,不同节点考虑的安全是不同的;在目标上,有些系统专注于防范破坏性的攻击,有些系统是用来检查系统的安全漏洞,有些系统用来增强基本的安全环节(如审计),有些系统解决信息的加密、认证问题,有些系统考虑的是防范病毒的问题。

任何一个产品不可能解决全部层面的问题,这与系统的复杂程度、运行的位置和层次都有很大关系。因而一个完整的安全体系应该是一个由具有分布性的多种安全技术或产品构成的复杂系统,既有技术的因素,也包含人的因素。用户需要根据自己的实际情况选择适合自己需求的技术和产品。网络越来越先进，人们对它的依赖性也在不断增加，关注网络畅通、防止网络被破坏、担心私密信息被不期望的对手获取等都是正常心理，但为了各种不同的目的，破坏网络、改变信息和窃取信息等行为一直在“发展”，人们对安全保密的需求一直在改变，伴随着这一对“矛”与“盾”的不断发展，促使采取的安全保密技术不断翻新。①

一、通信保密技术类型

（一）话音保密通信

1. 话音通信

话音通信就是传送话音信号的通信技术。根据每个人的声波中所含的谐波数量和强度的不同，可以辨别每个人的声音。话筒产生的电信号是直接模拟声波的，但为了利用有限的频段传送较多的话音，电话中话音的带宽被限制在300Hz~3400Hz。

为了在一对导线上传送多路电话，先后出现了载波电话和数字电话两种多路通信方式。数字电话采用的是脉冲编码调制（简称脉码调制）和时分复用的通信方式。脉码调制是把话音信号变成一系列的数字脉冲来传输。如图7-1所示，脉码调制电话通信系统由采样、量化、编码、时分复用、再生中继等部分组成。

图7-1　脉冲调制电话通信系统

时分复用的工作原理是利用各信号的抽样值在时间上不相互重叠，来达到在同一信道上传输多路信号的目的。

在接收端，数字电话机把收到的脉冲信号放大并重新变回模拟信号，再经电话机的受话器将它还原成话音信号后，就能被对方接收。

另外，脉码调制通信具有很强的抗干扰能力，因为脉冲序列受到传输途中的干扰后会发生畸变，但只要畸变的程度不越过判决电平，仍能被准确地接收，而且码位中还包含一个验错码，专供接收端用来检查误码。这种脉冲再生中继是脉码调制通信的特点。

①申子明．计算机信息安全保密技术研究[J]．浙江水利水电学院学报，2019(5)：72-76.

无线电技术和电子技术的进一步发展，还使人们可以把电话机装在汽车上或放在衣袋里，不管你走到哪里，都可以与电话网中的其他用户保持联系，这就是移动通信。

如今，随着技术的进步，人类已经开创了用光纤进行通信的新纪元。光纤通信就是在比头发丝还细得多的玻璃纤维里，传送成千上万路电话。

2. 话音保密

现行话音保密技术分为模拟置乱和数字加密这两个大类。置乱是保密技术的一种，当使用模拟保密方法时学术界就称为置乱。模拟保密对模拟话音所含频率、时间、振幅三个要素进行处理和变换，破坏话音的原有特征，尽可能使之不留下任何可以辨认的痕迹，借以达到保密传输话音信号的目的。话音数字加密是把话音模拟信号变换成数字信号，然后用数字方法加密。在数字加密方法中，话音的最小编码单元不再有话音信号的特征，因而保密性比模拟加密好。

(1)模拟置乱技术

模拟话音信号包含频率、时间和振幅等三大基本特征，模拟置乱对这三大特征进行某些人为的处理和变动，就可使原来的话音信号面目全非，借以达到保密的目的。单独的置乱分别叫作频域置乱、时间域置乱和幅度域置乱。如果同时对两个或两个以上域的参数进行置乱，则叫作二维置乱或多维置乱。

频域置乱。频域置乱包括频率倒置、频带移位、频带分割置乱。其作用主要在于通过置乱改变话音信号的瞬时功率谱密度的分布，使得各个话音的谱特征和原始的大相径庭。

若采用滚码倒频，由伪随机序列控制倒置频率，可提高其保密性。现多采用多重倒频加密的滚码方案，即把话音频带一分为二，各部分以不同频率倒置，再把这两部分相加产生出带宽与原始信号一样的组合信号，此方法的保密性在滚码倒频的基础上再度提高。

为了增加置乱的种类数，以便提高它的保密度，有人进一步提出了将整个话音信号频谱分割成五个次频带，然后再把每个次频带进行倒置和排序的变换。初看起来似乎解决问题了，实际上则不然，这是因为其中有许多次频带成分的置乱程度是极微小的，有的甚至根本没有变化。确切地说，在所有组合数中，只有极少数组合是可以任意使用的，因此它的保密度依然很低。

若采用滚动可变频带分割技术，即按预定伪随机序列选定的频带改变或滚动分割点，可大幅提高话音保密度。

幅度域置乱。幅度域置乱又称为噪声掩蔽，它的原理是将噪声或伪噪声信号叠加到话音信号上去，使其将可懂的话音信号掩蔽起来。早期使用的噪声掩蔽技术是将留声机唱片放出的音乐，用电气的方法叠加到话音信号上去。在解密时，必须有一个精确的同步装置，将叠加在信号上的唱片音乐除去，才能取出话音信号。另外用噪声或伪噪声信号对话音信号幅度进行线性调制可以大大提高保密度，但这必须采用宽带系统才能实现，而现有的电话设备无法应用。

时间域置乱。时间域置乱包括颠倒时段、时间单元跳动窗置乱、时间单元滑动窗置乱、时间样点置乱。这类置乱力图通过改变时间单元的时序关系，造成奇异的话音结合，致使话音的节奏、能量、韵律等发生变化。但这类置乱受限较多，一是产生两倍帧长的时延，二是时间单元分界处因吉布森(Gibson)效应产生的踢踏声将严重影响解乱话音。后者尽管可以通过压扩补偿法得到较好的补偿，但合理选取置乱时间单元的长度和数目终归是一个重要的问题。

不少时间域置乱器都采用滚码时段变换法，利用微处理器有效的存储器选址技术或LSI(大规模集成)芯片实现所需的排列或倒置，使保密性有了很大的提高。

组合置乱，也叫多维置乱。组合置乱的种类繁多，视用户对保密度的要求而定。最常见的方法有以下几种：①频带移位与掩蔽技术的结合；②倒频与掩蔽；③频带分割与频率跳变技术相结合；④时间分割与频带分割相结合；⑤倒频与频带分割相结合。

采用这些技术的保密机，一般都有时段较长和频带较宽的特点，在频带内都几乎完整地保留着话音信号的能量、韵律、音调等时频特征。因此，不仅主观上可能感知出一定的信息，而且通过专用的分析设备或仪器很容易分析识别出这些已知的特征，也就可能通过拟合处理而拟合出可懂的原始话音。

变换域置乱。为了达到高的置乱保密度，必须按照一数一模的置乱体制去寻求有效的加密算法，变换域置乱便是获得高保密度的有效置乱技术。

在20世纪80年代初就已经提出了诸如扁球体置乱、傅里叶变换置乱和离散傅里叶变换置乱等，而20世纪90年代初又发展了一种崭新的置乱算法：数论变换置乱。

扁球体置乱。它是威勒于1979年提出的一种模拟加密技术,即“话音波形抽样置乱”方案。该方案置乱的不是时间域或频域,而是话音波形的采样值。

扁球体的具体做法是将话音信号采样并数字化,再对每一帧采样点实现称为扁球体变换(PST)的正交变换,接着对由扁球体得到的系数进行置乱和扁球体逆变换,得到时域置乱信号。

扁球体方法恢复原始信号完全不要求帧同步,置乱后的模拟信号带宽同原始信号的带宽基本一致。该方法不仅保密度高,而且恢复话音的质量也好。虽然扁球体方法有计算量大、通话实时性差、设备复杂等不足之处,但仍不失为一种较好的置乱技术。

傅里叶变换置乱。1980年提出的采用快速傅里叶变换(FFT)算法进行置乱的方法,其基本置乱过程与扁球体相类似,只不过是用傅里叶变换代替扁球体而已。换句话说,傅里叶变换置乱是威勒变换域置乱概念的改进和发展,它不用时间域或频域加密,而是采用波形采样值加密。由于存在大量的采样值,不仅使密钥空间增大,而且使话音的时域和频域特性的加密跳跃上了一个新的台阶。

计算机模拟表明,只要傅里叶变换置乱的每帧采样数足够大,就能获得良好的解乱信号质量。当帧长相同时,傅里叶变换置乱与扁球体置乱的保密度相同,但傅里叶变换算法的运算量却要比扁球体算法小得多。然而,由于经傅里叶变换处理后的置乱信号频带展宽,在带宽严格受限的信道上传输,实现起来会有一定困难。从这一点上看,傅里叶变换置乱的性能显然又不及扁球体置乱。

离散傅里叶变换置乱。1981年提出的离散傅里叶变换(DFT)置乱技术,其最突出的特点是只要选定恰当的采样周期,无须在置乱器与解乱器之间进行帧同步便能正确恢复出原始话音信号,经变换恢复后的话音一般不增加带宽,而且话音质量良好。由于经时间处理的各段频率的信号快速串行输出,改变了话音信号频率特性与时间的关系,相对提高了保密度,但美中不足的是出现了频带展宽的问题。

(2)数字加密技术

目前,通常采用的保密通信技术是话音数字加密,它具有较高的保密性,其特点是先把原始信号转换为数字信号,然后采用适当的数字加密方法以实现保密通信的目的。

话音经过数字编码后变成信息最小单元。加密方法一般不影响话音质量,即经数字加密后的话音质量只与话音编码体制以及速率有关。保证话音信号的数字化传输,是建立离散信道的基本任务。话音数字化的方式可分为直接数字化和话音频谱压缩编码两个大类。

直接数字化方式。数字电话机的核心部分就是A/D变换和D/A变换,或称为编/解码。编/解码器主要有两大类调制方式,它们是脉码调制和增量调制。脉码调制技术发展较早,调制技术成熟,恢复话音质量好,设备也很简单。缺点是编码量大,典型数据率为64kbit/s,速率高则需要宽带传输,频率利用率自然也就低。增量调制技术电路简单,典型数据率为32kbit/s,速率低,抗干扰性能优于脉码调制。增量调制易于中转分支和数码转换,容易实现多路复用,而且造价低,绝大部分电路可在大规模集成电路芯片上实现。

增量调制技术的应用范围比较广泛,主要包括以下五个方面:①高质量数字话音信号的传输与存储;②低于脉码调制码率的数字电话传输;③低码率电话通信;④图像信号编码;⑤单路话音编码和多路复用。

随着大规模集成电路技术的发展及对增量调制技术的深入研究,又陆续推出了许多改进形式。这些改进形式各具特色,尤其是连续可变斜率增量调制(CVSD),它不仅能够提供相当好的话音质量,而且能很好地兼顾电路简单和节省带宽两个方面。工作速率在16kbit/s时,恢复话音在清晰度、可懂度和自然度方面都具有良好的性能;工作速率在12kbit/s时,恢复话音仅呈现轻微的边缘失真。连续可变斜率增量调制技术已成为话音保密机的主要数码化技术。采用这种技术的保密机不仅保密性能好、体积小,而且兼容性也很好,它既能传输话音、文字,又能进行传真通信。

话音频谱压缩编码方式。对话音频谱进行压缩,然后再编码。声码器就属于这类。

众所周知,脉码调制、增量调制和连续可变斜率增量调制等话音数字化方法在超短波、特高频段如卫星、微波和电缆线路这样的高速信道上工作没有任何困难,但在短波波段,由于传输特性和大量过载,使得不可能以64kbit/s、32kbit/s或16kbit/s这样的速率工作。又根据目前无线调制解调器的发展水平，这个任务就得必须借助于能够把话音信号的数据传输速率降低到1.2kbit/s~2.4kbit/s或更低速率的声码器技术来完成。短波线路的可靠性，远远低于普通有线电话线路的可靠性，因此把声码器技术用到短波无线电话线路上，能够从本质上改善其工作特性。

（3）声码器与短波保密话音通信

声码器技术发展较早而且技术较成熟，声码器一般速率为4.8kbit/s，也有2.4kbit/s和1.2kbit/s，美国曾研制成功一种600bit/s的线性预测共振峰声码器。国外研制的声码器种类繁多，特别是随着线性预测压缩方法在话音压缩系统中广泛应用，出现了多种新型声码器，尤其值得一提的是美国斯坦福大学研制的剩余激励线性预测声码器，速率为6.2kbit/s~9.6kbit/s。这种声码器吸收了线性编码和话音激励声码器两方面的优点，即使在失真、有声和干扰影响下也能产生高质量的合成话音。我国在声码器的研发方面发展很快，现在已经研发出可供使用的600bit/s和300bit/s的声码器。

现在能够投入实际通信应用的声码器的速率为2.4kbit/s、1.2kbit/s、600bit/s和300bit/s，这个数据率已低到足以使短波能够承受的地步。因此，完全可以借助声码器把模拟话音信号变换成数字数据流，然后把这种数字数据流通过一个数字式加密装置加密，产生出一种完全随机的、无异于噪声的数据流。性能良好的数字式加密设备就应当具备这种性质。因为这种经加密后的数据流呈现出随机特性，且完全没有可以察觉出的信号结构。所以，窃听者在完全不知道密钥的情况下便不能解密它。

在使用声码器时，有几种主要的性能量度需要考虑：①可懂度——判定说的是什么；②讲话人识别——确定是谁在讲话及怎样在讲话；③主观质量——收听到的话音的满意程度，或在长时间内对收听到的话音的满意程度。

人们同时还关心被传输数字数据中出现的误码对整体性能的影响，以及在既定信道上声码化话音与明话对比的情况，有以下四点应当注意。

第一，声码化话音是非自然的：①它是采用理想化话音产生过程模型综合而成的；②它并非直接恢复出原始话音（非波形编码），而是传送足够信息使接收端综合成自己的信号并弄懂消息；③声码器在运算过程中去掉了大量多余度，但遗憾的是，同时也失去了少许可以识别讲话人、语调或个人特征的因素。

第二，声码器的性能不能用“仪表”来度量，它只能通过对大量讲话人和收听人进行试验所作的统计平均值来估计。这就是说，难以获得可靠的且可以进行对比的性能量度。

第三，判断声码化话音最重要的是要与该信道上产生的话音进行比较，而不是与高保真质量的话音进行比较。

第四，存在好声码器与差声码器之分。因为声码器种类很多，实现方法各异，甚至按同样标准做成的声码器也有好坏之分，如LPC-10，在保持总体上遵循LPC-10标准的同时，也有可能利用某些处理上的微小差别，包括在某种程度上可以从根本上提高系统性能的“话音规律”，但遗憾的是目前好声码器不多，差声码器倒是不少。

关于可懂度，如果是一对经过训练的讲话人和收听人，声码化话音的可懂度是非常高的。据有关资料介绍，独立单词测试（即所谓诊断韵律测试）可懂度得分高达92.6%，这实际上就是说可以正确地听出随机讲出的全部单词的92.6%，这仅次于高质量的电话话音。

有人觉得识别讲话人并不难，当然识别所熟悉的20位朋友是谁在用声码器讲话也是可能的，但要很容易地识别熟悉的100位朋友却是非常值得怀疑的。识别讲话人，如前所述，必须把声码化话音与相同信道上的明话进行对比，而不是同高保真质量的话音进行对比。例如，当听电话时，你能分辨得出是你的上司在讲话，还是其他人扮演你的上司在讲话？

如果发送端没有正确的加密密钥，就无法通信。同样，声码器系统能很容易地传送一个数据头，这个数据头含有通过键盘由人工输入的个人识别通行字，该数据头可在接收端显示或进行自动验证。这是一个很平常的技术问题。从这方面看，声码器系统的鉴别性能原本就要比明话好。

不难看出，声码器简化了加密过程，不失为一种实用的低速话音传输系统。如LPC-10，在1%的误码率时，通常被认为具有良好的性能，在2%~3%的误码率时，也能工作。需要指出的是，在使用实际通信信道时，数字保密话音通信系统的可懂度比采用模拟体制的明话话音通信系统更高。

在现行的两大类保密话音通信系统中，话音置乱器虽然简单，而且价格低廉，但保密性有限，这是由其运算方式所决定的。声码器、数字加密、Modem系统较复杂，成本也高，但保密性好，可懂度高，在实际通信线路上可以获得如明话一样的性能。

当然，声码器系统也有其不易克服的缺点，如受系统参数精度影响大，性能因人而异，音质的合成痕迹明显，对信道噪声比较敏感等。随着微电子技术的迅速发展，这种情况也正在改观，尤其数字信号处理芯片的问世，使过去停留在理论上或只是通过计算软件论证而较难硬件实现的分析综合系统，也可以在芯片上实现。在硬件技术的推动下，许多新算法也相继诞生。由于可以专门设计超大规模集成硬件以适应新的算法，专家们也正在考虑改进目前的话音全极点数学模型而采用零极点模型，从而大大提高声码化话音的自然度。

矢量量化具有降低比特率的潜力，在信号参数编码中引入矢量量化技术，是话音参数表征方式上的一项重大突破，它开辟了数据压缩的新途径。同时，在分析综合技术研究中引入考虑声道和激励之间相互作用的新的源激励模型，这里的参数的描述与较早的声码器相同，但重点是放在声学和话音产生机理之上。这种更为精确的话音产生机理模型，可能会大大减少以低数码率获取高质量话音方面的困难。

国外许多话音通信专家正探索改变传统的以人类话音产生系统为基础的方法，提出以人类听觉系统为基础的方法，并已证明这是一种有生命力的方法，因为人类听觉系统就是一个远胜于声码器的信号处理器。这项研究目前正集中在以电气硬件模拟人类的听觉系统功能。声码器不仅在保密话音通信中，而且在整个话音通信和存储领域中都将起着更大的作用。

（二）数据保密通信

数据通信是把数据的处理和传输合为一体，以实现数字形式信息的接收、存储、处理和传输，并对信息流加以控制、校验和管理的一种通信形式。数据通信与电话、电报通信方式的区别是，电话传送的是话音，电报传送的是文字或传真图像，而数据通信传送的是数据，即由一系列的字母、数字和符号代表的概念、命令等。在电报和电话通信中，通信双方都是人，即所谓“人与人之间的通信”，而数据通信则是操作员使用终端设备，通过线路与远端的计算机之间交换信息，因而本质上是机器之间的通信。由于以上两个原因，数据通信在可靠性、传送效率及自动化程度上都比电话、电报等通信方式高得多。

数据通信系统一般由数据处理设备、数据传输设备和数据终端设备组成。

一方面，各种形式的用户数据，如统计数字、代表一定意义的文字和符号等，必须转换成由二进制数“0”和“1”组成的二进制代码才能传送给计算机处理。所以必须有将用户不同类型的原始数据转换成计算机能识别的二进制码的设备,就是数据终端设备。另一方面,计算机处理后的二进制码又通过终端设备转换成用户所需要的数据(数字、字母、符号等)传送给用户。所以终端设备就是用于发送数据或接收数据的设备,也就是输入和输出设备,是“人—机”联系的媒介。

数据传输设备是数据通信系统的关键部分。系统的数据传输速率和差错率都取决于传输设备。

数据加密设备将加插在数据终端设备和调制解调器之间,对传送的数据进行数字加密。当进行点对点的通信时,进行全部数字流的加密。现代通信中数字通信大都以网络通信形式出现,故在网络通信保密中将详细叙述数字加密技术。

(三)图像保密通信

图像通信发展很快,电视电话、会议电视、有线电视(CATV)、传真通信、电视文字广播(Teletext)、可视数据(Videotex)、智能用户电报(Teletex)、电子邮件(E-mail)等各种图像通信业务像雨后春笋般地发展起来,它们是利用人们的视觉获得图像信息的通信方式。

什么是图像?人们经常接触它,却往往不了解其确切的定义。根据词典的定义,所谓图(Picture)是指用手描绘或用摄影机拍摄得到的人物、风景等的相似物,而所谓像(Image),是指直接或间接(如拍照)得到的人或物的视觉印象。因此,我们可以对图像下个粗略的定义:图像是指景物在某种介质上的再现。例如胶片、电影、传真、电视、计算机显示屏等介质都可使人们得到二维甚至三维视觉信息,即获得图像。

人们通过感觉器官日常收集到的各种信息中,最主要的是视觉信息和听觉信息。据一些学者估计,视觉约占全部信息的60%,听觉占20%,触觉占15%,味觉占3%,嗅觉占2%。可见,视觉信息占据了人们收集的信息中的大部分。和听觉信息相比,视觉信息即图像信息具有以下四个优点。

确切性。同样的内容由听觉和视觉两种不同方式获取信息的效果是不同的。后者显然比前者更容易确认,不易发生错误,这点在工业指挥等重要通信中具有重要意义。

直观性。同样的内容,看图显然比听声音更为形象直观,印象更为深刻,易于理解。也就是说,视觉信息产生的效果更好。

高效率性。由于视觉器官具有较高的图像识别能力,人们可以在很短时间内,通过视觉接收到比声音信息多得多的大量信息,例如,在战场上的战士向后方的指挥官汇报情况,显然传送一幅地图比口头说得更直观、快捷。

多种业务的适应性。随着生产力的发展和提高,对通信业务将提出多样化的要求,而利用视觉得到的图像信息易于满足信息检索、生活指南、气象预报等各种各样的业务要求。

由于图像信息具有这一系列优点,所以传送、接收图像信息的图像通信方式得到了较快的发展。

但图像信号传输也存在一些问题。一般来说,由于图像随着空间位置、时间、所含光波长的不同,它的亮度也不一样,因此图像信号可用多维信号表示。但实际传送时,只采用一维时间函数的电信号,这就必须把多维的图像信号变换成一维信号。其中光波长(A)并不需要完全按其分布一一重现,只需传送三基色的激励值。对于空间坐标(x,y,z)上的亮度级一般转换成为时间函数的电信号,用时间分割的方式依次传送,这就是所谓的扫描。

常用的扫描方式为隔行扫描。用这种方式组成的随时间变化的一维图像信号在传输时具有以下一些特征。

宽频带。除传真、静态图像等外,图像信号一般是宽频带的。众所周知,电视信号的频带可宽达4MHz~6MHz,要用相当于960路电话的信道传送,这是由于图像中包含的信息量相当大,转换成的扫描电信号变化相当快,即使是变化较缓慢的可视电话信号,其频带也达到1MHz。因此图像传输的成本是相当高的。

为了降低传输费用,除了研制和开发大容量且价廉的宽带传输线路(如光缆)外,还应采用有效的频带压缩技术。

相位均衡。在图像模拟传输中,由于采取的是波形传输方式,必须解决传输系统的线性相位特性问题。因为要使输入信号通过线性系统后,保持信号的波形不变(时间上允许延迟),所以必须要求该系统的相位频率特性为线性。

为此,在图像的模拟传输中,必须采用相位均衡器,使传输问题显得比较复杂。对比之下,在基带传输中采用图像的数字信号传输方法,就不存在相位均衡问题,因为在二进制数码传输中只要不出现“0”和“1”波形的误判,就能正确地收到数字信号，也就能正确地重现原图像(当不计图像数字化引起的量化噪声时)。

像素间的相关性。图像信号在同一帧内各邻近像素之间，或邻近帧的对应像素之间具有很强的相关性(“相似性”)。

充分利用像素间的相关性，就可能有效地去除其冗余度，从而可以大大地压缩图像信号的通频带。对比之下，模拟图像的频带压缩是比较困难的，而数字图像压缩相对来说要容易些。此外，图像数字化后，还可以进行加密处理。随着数字技术、计算机技术和大规模集成电路的迅猛发展，数字图像编码压缩技术已获得了重大进展。

由于图像通信的某些需求，常常要先对图像信号做某些预处理，例如去噪声的平滑处理、提高对比度的增强处理、减少几何失真的几何校正处理等。

图像信源编码器用来去除或减少图像信息中的冗余度，压缩图像信号的频带或降低其数码率，以实现经济的传输、存储的目的。

经过压缩后的图像信号，由于去除了冗余度，相关性减小，往往会有抗干扰性差的缺点。为了增强其抗干扰的能力，通常可适当增加一些保护码(纠错码)，这时虽然数码率略有增加，但却显著提高了抗干扰性。经过这样处理后的图像数字信号，往往数码率较低，又有一定的抗干扰性，比较适宜在信道中传输。这就是为什么在图像信源编码后再采用信道编码的理由。

图像信号在送入信道前，往往还要经过调制过程。例如长距离无线电传输往往采用数字调相的方式；低速数据的静态图像信号在送入电话线传送前，往往要经过数传机的调制器。

图像信道一般理解为传输图像信号的线路，但从广义上说，存储处理器也可看成信道。

图像解调器、信道解码器、信源解码器则是上述发送端相应部分的逆过程。

图像显示器是显示复原图像的部分，如电视接收机的荧光屏显示、传真接收设备的记录纸显示等。

图像信号加密类似于话音信号加密，也分为模拟和数字两大类，但每一类都要和现有的电视信号传输规范兼容，包括信号带宽、电平动态范围、直流分量电平、同步信号等。

二、信息网络化面临的严重威胁

(一)日益紧迫的信息战威胁

当今,随着信息技术的飞速发展,计算机系统和多种网络已成为信息化社会发展的重要通信保证,而这些又涉及金融、交通、文教等诸多领域。其中存储、传输和处理的信息有许多是敏感信息,甚至是国家秘密。受利益驱动,必然会有人对存放、传递这些信息的信息系统发起攻击,信息战便应运而生。

(二)被动攻击

被动攻击包括流量分析、监视通过公共介质(如无线电、卫星、微波和公共交换网等)发送的通信、网络窃听、解密弱加密的数据流、获取鉴别信息(如口令)等攻击方式。被动攻击可以获得对手即将发动的行为的征兆和警报。

被动攻击很难被发现,因此预防很重要,防止被动攻击的应对措施有虚拟专用网络、加密受保护网络以及使用受保护的分布式网络(如物理上受保护或带报警装置的有线分布式网络等)等手段。

(三)主动攻击

主动攻击包括企图破坏或攻击防护系统、引入恶意代码、假冒或篡改信息等方式。主动攻击方式包括攻击网络枢纽,利用传输中的信息渗透某个区域或攻击某个正在设法连接到某个地点的合法远程用户等。主动攻击所造成的结果包括泄露或传播敏感数据文件、拒绝服务以及篡改数据等可能使系统遭受严重破坏的后果。

对抗主动攻击的典型措施包括边界保护(如防火墙)、采用基于身份鉴别的访问控制、受保护的远程访问、安全管理、自动病毒检测工具、审计和入侵检测等手段。

三、网络安全保密的基本要求

网络安全保密是指保护网络系统的硬件、软件和数据,防止故意或偶然的泄露、更改、破坏或非授权访问在网络上处理、存储或传输的数据,保障系统连续、可靠、安全地运行,即保障网络信息的保密性、完整性、可用性、可认证性等。

（一）保密性要求

保密性要求主要是指数据在处理、存储、传输过程中，防止数据的未授权公开和泄露，包括通信的隐蔽性、通信对象的不确定性和抗破译能力。①通信的隐蔽性：非法者要从通信中获得信息，首先必须明确是否在进行通信，如果不知其是否在通信，也就无法窃取通信中的信息。②通信对象的不确定性：通常也叫对抗业务流分析，指虽然窃密者知道正在进行通信，但根本无法知道谁与谁正在进行通信。③抗破译能力：窃密者能获取通信的信息，但是，他不知道信息的内容，因为信息已被加密变换成为不可读懂的信息。保密性的三种要求中最基本的要求是抗破译性，其次是通信对象的不确定性，最后才是通信的隐蔽性。

（二）完整性要求

保密通信网的完整性是一种面向信息的安全性，它要求保持信息的原样，即要求在保密通信网中存储和传输的各类信息数据的精确性和可靠性，防止数据被恶意修改。对未授权数据修改操作进行自动检测和报警，并将所有操作行为记入日志。对存储和传输中的数据进行的修改包括改变、插入、删除、复制等。另一种潜在的修改为改变序列号和重放，这种修改一般在数据进入传输信道时发生。

（三）可用性要求

可用性是指合法使用者使用保密通信系统时，系统能提供完全满足使用者要求的各种服务。比如保密电话，其可用率应达到或非常接近普通的电话，确保合法使用者随时拿起来可通保密电话，不能使接通率下降，不能让使用者进行过多的等待和过多的操作。

（四）可认证性要求

可认证性是指实体提供了声称其身份的保证，以防止其他实体假冒。在通信过程中，可认证性质对认证时的主体身份提供确认保证，为了获得认证的持续保证，需要将认证服务和数据完整性服务结合起来。在提供可认证性服务时，需要防止针对该服务的攻击。①防止对认证实体的重放攻击。②防止入侵者发起或响应的延迟攻击。

第三节 信息系统安全

在这个日新月异的信息时代,信息系统扮演的角色越来越重要,随之而来的信息系统安全问题的影响也越来越大,主要表现在信息系统的机密性、完整性、可用性、可控性的丧失,将危及信息系统的安全。

从近代信息通信技术的发展来看,从点对点通信到计算机网络通信,已经发展到了普及全世界的互联网时代,与此同时,信息系统安全也随着信息技术的发展而发展,本节将叙述近代信息系统安全的发展历程,以及信息保障所涉及的有关安全问题。

一、升级换代的信息安全体系

大数据时代,随着社会信息化程度的不断提高,实现信息化的手段也不断地升级换代,与此同时,相应的信息安全体系也随之变化和发展。从现代信息安全的角度看,可以把信息安全体系的发展分为三个阶段:第一阶段是通信保密时代,这个时代的通信主要是以点对点的方式进行;第二阶段是信息系统安全时代,这个时代是以计算机通信网络为代表的时代,计算机的广泛应用和计算机网络的迅速发展是这个时代的主要特征;第三阶段是信息保障时代,这个时代是以互联网在全世界普及为主要特征。

(一)通信保密时代

通信保密时代是20世纪40年代至70年代,在此期间的通信主要以点对点的通信为主,计算机网络时代还没有到来。该时代的特点是:①重点是通过密码技术解决通信保密问题,保证数据的机密性与完整性;②主要安全威胁是搭线窃听、密码学分析;③主要保护措施是加密;④重要标志是1949年香农发表的《保密系统的通信理论》和1977年美国国家标准局公布的数据加密标准(DES)。

(二)信息系统安全时代

信息系统安全时代是20世纪70年代至90年代。信息系统安全时代的特点是:①重点是确保计算机系统中硬件、软件及正在处理存储、传输信息的机密性、完整性和可控性;②主要安全威胁扩展到非法访问、恶意代码、脆弱口令等;③主要保护措施是安全操作系统设计技术(TCB);④主要标志是1985年美国国防部公布的可信计算机系统评估准则(TCSEC)将操作系统的安全级别分为四类七个级别(D、C、C、B、B、B、A),后补充红皮书TNI(1987)和TDI(1991),构成彩虹(Rainbow)系列。[①]

(三)信息保障时代

信息保障时代是从20世纪末开始,此时信息化的程度非常高,信息系统的承载能力显著加强,信息系统受到的威胁普遍增加,互联网的犯罪活动日益猖獗,凸显了信息安全的重要性。

信息保障的定义是:确保信息和信息系统的机密性、完整性、可用性、可认证性和不可否认性的保护和防范活动。它包括了以综合保护、检测、反应能力来提供信息系统的恢复。

在信息保障时代,突出的特点是:①重点需要保护的是信息资产,要确保信息在存储、处理、传输过程中及信息系统不被破坏,确保合法用户的服务和限制非授权用户的服务,以及必要的防御攻击措施。强调信息的机密性、完整性、可控性、可用性。②主要安全威胁发展到网络入侵、病毒破坏、信息对抗等。③主要保护措施包括防火墙、防病毒软件、漏洞扫描、入侵检测、安全管理、集中监控、灾难恢复等。④主要标志是提出了信息技术安全评估通用准则,信息保障技术框架(IATF)和信息安全管理体系(ISMS)等。

二、信息系统安全保障体系

(一)信息系统安全保障体系框架

信息系统安全保障体系框架如图7-2所示。

①刘晓兴,惠小倩.计算机信息系统安全现状及分析[J].电脑知识与技术,2021(22):46-47.

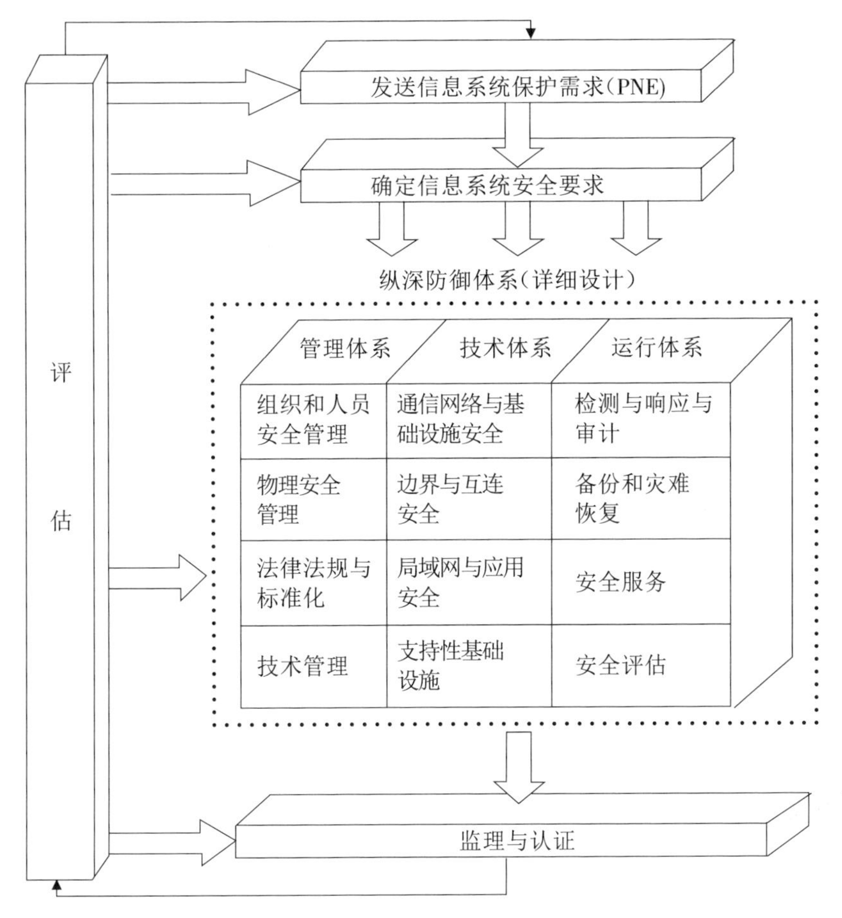

图7-2 信息系统安全保障体系框架

(二)信息系统安全保障体系的属性

1.针对性

任何一个信息系统的安全保障体系都应当具有独特的要求,这种特殊要求就体现在其安全需求的差别。本安全保障体系最主要的一部分是发掘用户安全需求。

2.差异性

任何一个信息系统的安全保障体系都要保持其本身的差异性。这种差异性表现在安全要求和安全保护等级的不同。

3.综合性

一个信息系统的安全保障体系必须有综合性,综合性体现在:安全方面要体现出安全管理、安全技术和安全运行等各个层面;质量方面要体现出监理、认证和阶段评估等方面。

4.纵深性

任何一个信息系统的安全保障体系都必须体现其纵深性。安全保障体系的纵深性体现在人、技术和运行三个方面。技术上体现在“三保卫一支持”(保卫网络和基础设施、保卫边界、保卫计算环境以及提供支持性安全基础设施)。

5.严格性

严格性表现在工程实现的监理、认证和认可。

6.循环性

循环性体现了不断改进的思想。首先是计划,其次是实施,然后是检查,最后是改进行动(即P-D-C-A循环)。

(三)信息系统安全保障体系的发展

随着信息化的不断深入和人们对信息系统依赖程度的不断增加,人们对信息系统的安全要求也随之增加。而且随着信息安全行业的发展和攻防技术的进步,信息系统安全保障体系也会发生变化。这种变化可能会从安全咨询、安全服务、安全技术的发展延伸出来。

三、信息系统安全工程

(一)信息系统安全工程的定义

在介绍信息系统安全工程前,首先要定义什么是信息系统安全工程。信息系统安全工程(ISSE)是一门系统工程学,是对一个生命周期的系统产品和处理系统过程解决方案的评价和验证,以满足客户信息系统安全的需求。它的主要目的是确定安全风险,并且采用系统工程的方法使安全风险降到最低或得到有效控制。

信息系统安全工程的另一个定义是:信息系统安全工程(ISSE)是发掘用户信息保护需求,然后以经济、精确和简明的方法来设计和制造信息系统的一门技巧和科学,这些需求的实现可以安全地抵抗所遭受的各种攻击。

从信息系统安全工程的定义可以看出,信息系统安全工程在信息系统安全建设中起到的重要作用。信息系统安全工程显得日益重要的主要原因在于以下三点。

第一,信息系统的使用日益广泛:普遍地应用于政府、国防、民用部门、私人等方面。计算机互联网迅速扩大为世界性多用户的集成分布式网络,信息流能迅速扩展到世界范围。

第二,当代信息系统存在脆弱性、偶然或故意的滥用等问题使信息暴露的风险随着信息访问的增多而增加,因此,政府、国防、民用部门、私人的信息和信息系统都必须进行保护。处理、传输和存储信息的系统的复杂性和网络化要求促使信息安全的手段要有革命性变化。

第三,技术的发展使得信息系统的获取方式正逐渐从专用系统转向集成商用现货设备或政府现货设备。这种方式下系统的开发、集成、部署要预先考虑开支、时间、技术、环境等诸多因素,从而使得信息安全(INFOSEC)专业工作者与客户、开发人员、系统集成人员的密切合作变得越来越重要。信息系统安全工程将成为系统工程、系统获取中的核心工程。

从信息系统安全工程的定义,我们可以看到其有如下特点。

第一,信息系统安全工程是系统工程。在人们实施一个大的工程时,经常提到这是一个复杂的系统工程,系统工程就存在系统工程的方法论,实际上信息系统的安全建设也是一个系统工程。信息系统安全工程(ISSE)是系统安全工程(SSE)、系统工程(SE)和系统获取(SA)在信息系统安全方面的具体体现。

第二,信息系统安全工程是一个方法论。信息系统安全工程和系统工程一样仅仅是一个方法论,虽然它给出信息系统安全建设过程的控制方法和每个阶段的安全活动,但是并没有具体规定应当采取哪些具体措施。

第三,信息系统安全工程覆盖信息系统的整个生命周期。信息系统安全工程覆盖了从系统设计开始到信息系统生命期终结的全过程。信息系统安全工程有力地保证用户目标,提供有效的安全措施以保证客户使命的需要;集成信息安全各个学科以提供最优的信息系统安全解决方案,并使信息系统安全工程人员成为开发具有安全要求系统的关键成员。

第四,信息系统建设中每个阶段的目的。①将用户的有效安全需求和要求转换成一套全生命周期均衡的系统产品和安全控制措施。②将信息安全工程和其他学科的技术问题汇集成一体,满足项目的安全目标。③系统要求的所有功能和物理接口(包括内、外)方面有关的信息安全问题得到解决,它包括硬件、软件、设施、人员、数据、服务。④对安全风险进行确认、定义和分级,找出降低安全风险的解决办法，形成信息系统的安全需求或安全策略。

第五，信息系统安全工程的特征。①以满足用户安全需求为目的。②以系统风险分析为基础。③以系统工程的方法论为指导。④以人、技术和运行为要素。⑤安全技术以纵深防御为支撑。⑥以生命期支持保证运行安全。⑦安全管理以安全实践为基础。⑧安全质量以测评认证为依据。⑨质量保证以PDCA为方法。其中，PDCA是指计划—实施—检查—改善的循环完善的方法。

（二）信息系统安全工程的过程

信息系统安全工程包括六个过程：发掘信息系统保护需求，确定信息系统安全要求，设计信息系统安全保障体系结构，信息系统详细安全设计，实现信息系统安全，评估信息保护的有效性。

1.发掘信息系统保护需求

发掘信息系统保护需求的目的：①帮助用户模拟信息安全管理；②帮助用户确定信息威胁；③帮助用户把已经识别出来的威胁形成文件，并对这些威胁做出响应；④帮助用户把风险和保护需求进行排序；⑤准备安全保障体系用的安全策略。

发掘信息系统保护需求是信息系统安全工程整个过程的重要一步，是完成信息系统安全工程的基础。在这一步，集成商要和用户一起确定整个信息系统的安全需求。

2.确定信息系统安全需求

在完成信息系统安全需求分析的基础上确定信息系统的安全要求，其安全活动包括：

第一，开发系统安全要求基线。①确定系统安全要求；②确定系统运行安全模式；③确定系统安全性能度量方法。

第二，评审设计约束。

第三，确定具体安全要求。①机密性；②完整性；③可用性；④可认证性；⑤抵抗性。

上述五性是信息安全的属性，是一种笼统的安全要求，在确定系统安全要求时可以作为安全要求的几个方面，应用时还需要确定具体的安全要求。

3.设计信息系统安全保障体系结构

信息系统的安全保障体系结构是一个包括人、技术和运行的纵深防御体系,要建立安全管理体系、安全技术体系和安全运行体系,其主要目标包括以下三点。

第一,实现功能分析和分配。①把安全服务分配给安全保障体系。②选择安全机制类型。③选择最终安全保障体系。

第二,评估信息保护的有效性。①保证所选择的安全机制能够提供所要求的安全服务。②向客户说明安全体系结构是如何满足安全要求的。③产生风险预测。④得到客户的合作。

第三,支持认证、认可。①准备送交风险分析的最终体系结构文件。②与认证、认可者同时提出风险分析结果。

根据上述要求,就可以构建一个信息系统的安全保障体系。

4.信息系统详细安全设计

信息系统详细安全设计是系统安全集成商对如下三个安全系统的详细设计:①安全管理系统。②安全技术系统。③安全运行系统。

5.实现信息系统安全

实现信息系统安全实际上是信息系统的安全集成过程。

信息系统安全集成是实现信息系统安全的重要一步,它是根据详细安全设计要求,并在安全监理部门监理下的系统安全实现。

安全实现过程必须按过程严格控制进行,以保证整个系统稳定、顺利、安全地建设。一般情况下包括:项目实施组织机构的确定(如项目领导、项目管理、项目实施责任方的确定)、质量控制(质量控制手段的使用和工程监理方的参与)、项目实施计划、系统试运行、验收交付、培训等重要部分。

6.评估信息保护的有效性

在安全工程的每一个过程都要进行安全性的评审和评估。只有每一个过程都进行了安全性的评审和评估,才能进入下一个过程,这样才能使每一个过程是完善的、合理的。

四、信息系统安全等级保护

信息安全等级保护制度是国家在国民经济和社会信息化的发展过程中,

提高信息安全保障能力和水平,维护国家安全、社会稳定、公共利益,保障和促进信息化建设健康发展的一项基本制度。实行信息安全等级保护制度,能够充分调动国家、法人和其他组织及公民的积极性,发挥各方面的作用,达到有效保护的目的,增强安全保护的整体性、针对性和实效性,使信息系统安全建设更加突出重点、统一规范、科学合理,对促进我国信息安全的发展将起到重要推动作用。

(一)我国信息系统等级保护的政策

我国有关部门提出,“抓紧建立信息安全等级保护制度,制定信息安全等级保护的管理办法和技术指南”,明确要求我国信息安全保障工作实行信息安全等级保护制度。还指出了实施等级保护的重要意义,在于“信息化发展的不同阶段和不同的信息系统有着不同的安全需求,必须从实际出发,综合平衡安全成本和风险,保障重点。国家重点保护基础信息网络和关系国家安全、经济命脉、社会稳定的重要信息系统”。

我国信息安全管理的四部委发布了《关于信息安全等级保护工作的实施意见》,强调了开展信息安全等级保护工作的重要意义,规定了实施信息安全等级保护制度的原则、内容、职责分工、基本要求和实施计划,部署了实施信息安全等级保护工作的操作办法。

(二)等级保护的进展

信息安全等级保护工作在我国还处于启动阶段,有关部门制定了如下等级保护工作应当遵循的原则:①重点保护原则。②“谁主管谁负责、谁运营谁负责”原则。③分区域保护原则。④同步建设原则。⑤动态调整原则。

与此同时,有关部门还制定了等级保护的分级。根据信息和信息系统在国家安全、经济建设、社会生活中的重要程度;遭到破坏后对国家安全、社会秩序、公共利益以及公民、法人和其他组织的合法权益的危害程度;针对信息的机密性、完整性和可用性要求及信息系统必须达到的基本的安全保护水平等因素,信息和信息系统的安全保护等级共分五级。

第一级为自主保护级,适用于一般的信息和信息系统,其受到破坏后,会对公民、法人和其他组织的权益有一定影响,但不危害国家安全、社会秩序、经济建设和公共利益。

第二级为指导保护级，适用于一定程度上涉及国家安全、社会秩序、经济建设和公共利益的一般信息和信息系统，其受到破坏后，会对国家安全、社会秩序、经济建设和公共利益造成一定损害。

第三级为监督保护级，适用于涉及国家安全、社会秩序、经济建设和公共利益的信息和信息系统，其受到破坏后，会对国家安全、社会秩序、经济建设和公共利益造成较大损害。

第四级为强制保护级，适用于涉及国家安全、社会秩序、经济建设和公共利益的重要信息和信息系统，其受到破坏后，会对国家安全、社会秩序、经济建设和公共利益造成严重损害。

第五级为专控保护级，适用于涉及国家安全、社会秩序、经济建设和公共利益的重要信息和信息系统的核心子系统，其受到破坏后，会对国家安全、社会秩序、经济建设和公共利益造成特别严重的损害。

五、信息系统安全服务

（一）信息系统安全服务概述

安全服务是整个IT环境的成熟度的一个衡量指标，当整个产业的IT基础设施建设到一定程度后，在规避安全风险、控制安全成本及业务持续性保障需求的压力之下，就需要开始考虑如何制定符合自身的安全策略并使之与业务结合，这就是安全服务产生的基础。

安全服务是信息系统安全体系中不可或缺的一部分，安全服务和安全产品、安全管理制度等的结合才能真正实现信息系统的动态和长期安全。

在没有确定如何进行安全服务前，要对信息系统安全的理念有一定的认识，信息系统安全的问题并不是通过简单的安全产品的堆砌就能解决，而是需要安全专家在遵循一定的安全理念的前提下，根据用户实际情况进行安全评估和风险分析，确定用户的安全要求，并设计信息系统的安全保障体系才能实施相应的风险控制手段，同时也依赖必要的安全服务和合理的安全产品来进行风险控制和实现信息保障。

对信息安全有着如下的认知：①安全是相对的，不存在绝对的安全。②安全是可管理的，安全管理和安全技术并重。③安全是一个动态的发展过程，它随着攻防态势的变化而改变。④安全是一个全方位的、多层次的技术和管理体系,信息保障是一个纵深防御体系。

对于一个全新用户,我们应该遵循以上的安全理念提供一个综合的全面安全解决方案,完成从咨询、评估、计划到实施、管理安全资源的全过程。但是,安全服务也面临一些新问题,随着安全事件的不断增加、人们安全意识的不断提高,如何有效地选择安全措施,如何使安全产品发挥应有的作用,如何快速经济地提升系统的安全状况,成为用户关心的问题。人们已不再满足于单纯地购买安全产品,开始寻找全面的、系统的解决方法。在这种环境下,安全服务逐渐被用户接受,成为贯穿安全工作各个阶段、渗透各个方面的重要措施。

安全服务的灵活性和广泛的适用性受到用户的喜欢,但同时也导致安全服务本身内容复杂、环节众多。用户面对众多的安全服务商和安全服务包无从下手。如何有效地组织安全服务体系,并确保其完整性和适用性成为摆在专业安全厂家面前的问题。完整的安全服务体系应该不仅能帮助用户解决现有的安全问题,还能够帮助他们预计未来的趋势,规划安全的长期发展。

(二)信息安全服务的发展

信息安全服务的作用随着信息安全产业的发展必然会越来越重要,未来的信息安全服务要关注的是以下三个方面:①复杂的网络安全管理。通常大量的安全系统都是逐步独立建设的,比如防病毒系统、防火墙、入侵检测系统、漏洞扫描系统等,各个系统都有各自独立的部署方式和管理控制台。这种相对独立的部署方式带来的问题是各个设备独立的配置、各个引擎独立的事件报警,这些分散独立的安全事件信息难以形成全局的安全风险态势,导致了安全策略和配置难于统一协调。②组织安全管理。信息安全工作往往需要多个业务部门的共同参与,为迅速解决业务中出现的安全问题或隐患,提高工作效率,在日常的安全运营体系中必须具备跨部门的协调机制。安全服务将随着我国信息化和信息安全产业的发展逐步成熟和完善。③安全咨询。安全咨询包含的内容非常广泛,从安全标准、协议的推广到风险评估、等级保护的实施以及安全方案的设计和系统集成都可以列入安全咨询的内容。

六、信息安全技术

信息安全技术不仅涉及多种技术,而且也涉及多个学科,信息安全技术包括密码技术、访问控制技术、身份认证技术，审计追踪技术、公证技术、信息恢复技术、加密、解密和密钥管理技术等。

（一）安全数据隔离与交换

近年来，随着我国信息化的不断发展，网络之间的互联已经成为大势所趋，如我国有关的信息安全管理机构规定“涉及国家秘密的计算机信息系统，不得直接或间接地与国际互联网或其他公共信息网络相连接，必须实行物理隔离”。对涉密信息系统和公共信息网络之间实施物理隔离是一个行之有效的安全保密措施，但造成了网络之间信息交换的困难。随着我国信息化的深入，特别是2002年中共中央办公厅第17号文件《国家信息化领导小组关于我国电子政务建设指导意见》的发布，标志着我国电子政务建设已经进入全面建设阶段。面对日益突出的网络间隔离与信息交换的矛盾，要加强安全隔离与信息交换技术的研究，规范产品的研发，重视产品的测评，促进应用等问题的解决。

（二）定期的漏洞扫描和风险评估

风险评估技术是网络安全防御中的一项重要技术，风险评估的主要任务包括：识别组织面临的各种风险、评估风险概率和可能带来的负面影响、确定组织承受风险的能力、确定风险控制的优先等级、推荐风险控制对策。漏洞扫描是风险评估的常用手段。漏洞扫描的原理是根据已知的安全漏洞知识库，对目标可能存在的安全隐患进行逐项扫描检查，目标包括工作站、服务器、交换机、数据库应用等各种对象。漏洞扫描可分为基于主机的和基于网络的，前者主要关注主机上的风险漏洞，而后者则是通过网络远程探测其他主机的安全漏洞。随着网络结构、应用程序的动态调整，周期性地扫描可以为系统管理员提供及时的安全性分析报告，为保持网络安全整体水平产生重要依据，网络漏洞扫描包括了网络模拟攻击、漏洞检测、报告服务进程、提取对象信息，以及评估风险，及时帮助用户控制可能发生的安全事件，最大可能地消除安全隐患。

（三）快捷的灾难恢复

灾难恢复是指系统数据崩溃或灾难发生时能够全面、快速地恢复原有系统。任何一个信息系统都没有办法完全免受天灾或人祸的威胁，特别是诸如能够摧毁整个建筑物的地震、火灾、水灾等自然灾害,暴乱、恐怖活动等也可能出现。除了采取所有必要的措施应付可能发生的最坏情况之外,灾难恢复是数据安全的最后一条防线。快捷的容灾和备份恢复措施,可以保证被毁坏的应用系统在最短的时间内重新恢复业务服务功能。

参考文献

REFERENCES

[1]白利芳,祝跃飞,芦斌.云数据存储安全审计研究及进展[J].计算机科学,2020(10):290-300.

[2]郭海荣.基于云计算环境下的GIS软件工程设计研究[J].电子技术与软件工程,2014(24):58.

[3]郭庆胜,蔡忠亮."GIS工程设计"的实验教学模式研究[J].测绘工程,2016(9):77-80.

[4]郝春亮,沈捷,张珩,武延军,王青,李明树.大数据背景下集群调度结构与研究进展[J].计算机研究与发展,2018(1):53-70.

[5]侯勇,刘世军,张自军.大数据技术与应用[M].成都:西南交通大学出版社,2020.

[6]孔飞.无线电波传播中受到空间环境的影响分析[J].中国新通信,2019(19):68.

[7]李明禄.英汉云计算·物联网·大数据简明词典[M].上海:上海交通大学出版社,2021.

[8]李扬.基于数据挖掘的无线信号传播模型预测研究与应用[D].扬州:扬州大学,2021.

[9]连玉明.大数据[M].北京:团结出版社,2017.

[10]刘晓兴,惠小倩.计算机信息系统安全现状及分析[J].电脑知识与技术,2021(22):46-47.

[11]龙虎,彭志勇.大数据计算模式与平台架构研究[J].凯里学院学报,2019(3):73-76.

[12]罗慧,刘梅招,张栋宇,林华德,李禹梁.基于大数据平台的智能配电网状态自动监测系统[J].自动化与仪器仪表,2019(6):41-44.

[13]申子明.计算机信息安全保密技术研究[J].浙江水利水电学院学报,

2019(5):72-76.

[14]王海涛,毛睿,明仲.大数据系统计算技术展望[J].大数据,2018(2):97-104.

[15]王凌云,杨世康.增强现实人机交互技术研究[J].电脑知识与技术,2021(14):179-180.

[16]王永坤,罗萱,金耀辉.基于私有云和物理机的混合型大数据平台设计及实现[J].计算机工程与科学,2018(2):191-199.

[17]薛辉.基于大数据分析的慕课与数字媒体技术教学模式创新的研究[J].信息记录材料,2020(11):88-90.

[18]阳王东,王昊天,张宇峰,林圣乐,蔡沁耘.异构混合并行计算综述[J].计算机科学,2020(8):5-16.

[19]尹小青,郎红娟.基于大数据的统一服务平台应用安全研究[J].现代电子技术,2021(23):117-120.

[20]张广运,张荣庭,戴琼海,陈军,潘云鹤.测绘地理信息与人工智能2.0融合发展的方向[J].测绘学报,2021(8):1096-1108.

[21]张龙翔,曹云鹏,王海峰.面向大数据复杂应用的GPU协同计算模型[J].计算机应用研究,2020(7):2049-2053.

[22]张文弛.基于GIS技术的广电信息系统工程设计[J].传播力研究,2019(10):252.

[23]郑江宇,许晋雄.大数据应用[M].杭州:浙江人民出版社,2020.

[24]朱金荣,李扬,邓小颖,孙灿.基于大数据的移动信号传播损耗建模仿真[J].计算机仿真,2021(11):193-196.